大気生物学入門

AN INTRODUCTION TO AEROBIOLOGY

川島茂人［著］

朝倉書店

はしがき

　私が大気生物学（Aerobiology）の世界に入り込んだきっかけは，第2章に書いた通りですが，どうも，もともとひねくれた人間なので，人があまりやっていないことをやろうという気分と一致したことも，この世界に長く関わることになった理由のように思います．それから，何といっても，研究者として，まだおぼつかなかった私を，大気生物学大好き人間にしてくれたのは，高橋裕一博士のおかげだと思っています．

　最も研究者として集中できる時期に，私は研究室ではないトコロ，研究のサポート部門である企画調整部に7年間勤務を命じられました．勤務時間中は，一切研究をすることができないため，夕方5時の鐘が鳴って就業時間を終えてから，残務を整理して，おもむろに研究することができるようになります．ここからは勤務ではないので完全にフリーです．今にして思えば，これがかえって自由な研究を行うもとになったのかもしれない．組織や研究室のテーマに縛られる必要はまったくない．そういう時に，私の研究生活を支えてくれた2人がいました．1人は山形県衛生研究所の高橋裕一博士であり，1人は大学院時代に机を並べていた石田智之君です．

　石田君とは，彼の机から雪崩落ちてくる本を，しばしば押し返すようなことはありましたが，特別仲が親密なわけではありませんでした．私は国立研究所である農業技術研究所に就職し，彼は大学に残りました．彼とのつきあいは，就職後しばらくして，お互いの苦難の時期を共有していた上記の7年間に深まりました．我々は同じ研究室の出身だけど，2人とも外様みたいなものだから，出身大学の研究室に戻るようなことは絶対にあり得ない．だから我々は，国際的に良い研究をして，論文によって自らの力で，世界に成果を出していくことを基本方針にしようと決起を誓いました．共著で国際誌に投稿し，ボコボコにされて書き直し，また投稿し，そういう時にも志を高くもって，共同研究を行っ

ていくことができました．

　一方，高橋さんとの出会いは，スギ花粉の拡散シミュレーションに関する新聞記事に着目していただいたのがきっかけで，わざわざつくばまで会いに来てくれました．山形の美味しいおまんじゅうをいただいたのを，何故かいまだに憶えています．高橋さんは医学，疫学，生物学が専門であり，私の方は，覚束ないながら，局地気象学，微気象学，大気乱流みたいなことが専門でした．専門分野がまったく違っていたのが良かったです．今でもそうですが，高橋さんは非常にアグレッシブです．そして謙虚です．私はどうもアグレッシブさは足りないようなので，いい刺激になったのだと思います．めずらしい実測値をふんだんに提供していただきました．私は，数理的な解析が大好きなので，いろいろ屁理屈を考えて，実測値がうまく説明できるようにモデルを考えるのが，どんどん面白くなりました．そして研究が発展していきました．

　本書は，大気生物学への入門書ですが，大学の文系教養課程の皆さんにも数理的な思索の面白さを伝えたいと思って書いています．ワインは樽で熟成しますが，この書き物が，読んでいただく皆さんへの葡萄のひと房になるかどうか．熟成には，多少時間をかけた方がよいので，拙著をきっかけに，ゆっくりと楽しみながら，いろいろなことを勉強していただくようになれば幸いです．

2019 年 8 月吉日

著者

目　　　次

細谷達三「北イタリアに詩う」より
  「ミラノ郊外へ」………………………………………………………… *vii*
  「イスプラの赤い家」…………………………………………………… *viii*
  「湖上の街」……………………………………………………………… *ix*
  「青空市場」……………………………………………………………… *x*

1. 大気生物学とは …………………………………………………… 1
  1.1　大気生物学とは ………………………………………………… 1
  1.2　大気生物の輸送過程 …………………………………………… 3
  1.3　大気生物学研究のアプローチ ………………………………… 3
  1.4　大気生物学に関わる科学分野 ………………………………… 5
  1.5　日本の大気生物学 ……………………………………………… 6
      1.5.1　花　粉　6／1.5.2　胞　子　7／1.5.3　昆　虫　8

2. スギ花粉と気象 …………………………………………………… 11
  2.1　は じ め に ……………………………………………………… 11
  2.2　拡散過程を分けて考える ……………………………………… 12
  2.3　スギ花粉飛散量の観測方法 …………………………………… 12
  2.4　スギ花粉飛散を特徴づける3つの特性 ……………………… 13
  2.5　実際のスギ花粉飛散パターン ………………………………… 14
      2.5.1　年次によるパターンの違い　14／2.5.2　気温と風速の変動パターン　15／2.5.3　場所によるパターンの違い　17／2.5.4　開花日の問題　17
  2.6　シーズン中のスギ花粉総飛散量の予測 ……………………… 18
  2.7　新しいスギ花粉情報へのアプローチ ………………………… 20
  2.8　花粉飛散予測 …………………………………………………… 22
  2.9　アレルゲンとしての拡散問題 ………………………………… 22

       2.10　拡散研究の視点 …………………………………………… 24

3. スギ花粉の放出と拡散過程に関する研究 ……………………… 26
   3.1　はじめに ……………………………………………………… 26
   3.2　発生源問題 …………………………………………………… 27
       3.2.1　スギ森林の分布　27／3.2.2　花粉総飛散数の予測　28
   3.3　発生（放出）過程 …………………………………………… 29
       3.3.1　開花日の推定・予測手法　29／3.3.2　飛散開始日　29／3.3.3　開花期間，開花パターン　30／3.3.4　発生量と気象条件の関係　31
   3.4　移流・拡散過程および総合的解析 ………………………… 32
       3.4.1　スギ花粉の発生と拡散過程のモデル化　33／3.4.2　開花日を考慮したスギ花粉拡散シミュレーション　37／3.4.3　地域気象モデルを用いたスギ花粉拡散シミュレーション　39
   3.5　応用研究課題 ………………………………………………… 40
       3.5.1　空中スギ花粉シミュレーション法を用いた花粉情報　40／3.5.2　花粉拡散モデルとGPVデータによる翌日のスギ花粉飛散量予測　41／3.5.3　地球温暖化がスギ花粉飛散に及ぼす影響　41／3.5.4　シミュレーション手法を用いたスギ花粉発生源マップの作成　42
   3.6　今後の研究指針 ……………………………………………… 42
       3.6.1　発生源に関して　43／3.6.2　発生（放出）過程に関して　43／3.6.3　移流・拡散過程に関して　43／3.6.4　沈着過程に関して　43／3.6.5　花粉予報システムに関して　43
   3.7　おわりに ……………………………………………………… 44

4. 遺伝子組換え作物との共存　—交雑率と気象— ……………… 47
   4.1　はじめに ……………………………………………………… 47
   4.2　野外での交雑実験 …………………………………………… 48
       4.2.1　実験の概要　48／4.2.2　花粉観測について　49／4.2.3　気象観測について　49／4.2.4　交雑率の測り方　49
   4.3　野外実験からわかったこと ………………………………… 50
       4.3.1　花粉飛散数の年次間差　50／4.3.2　気象要素の年次間差　51／4.3.3　交雑率の年次間差　52

 4.4 交雑率を決める要因は何か？ ……………………………………… 54
  4.4.1 平均交雑率の年次変動 55／4.4.2 距離による交雑率変化パターンの年次変動 56

5. 遺伝子組換え作物との共存
―花粉拡散・交雑予測モデルとシミュレーション― ……………… 61
 5.1 はじめに ………………………………………………………………… 61
 5.2 花粉拡散交雑予測モデル ……………………………………………… 62
  5.2.1 花粉拡散交雑予測モデルの概要 63／5.2.2 花粉放出モデル 64／5.2.3 花粉移流拡散モデル 65
 5.3 花粉拡散交雑予測シミュレーション ………………………………… 66
  5.3.1 花粉放出過程シミュレーション 66／5.3.2 花粉拡散過程シミュレーション 67
 5.4 入出力データとパラメータ …………………………………………… 67
  5.4.1 気象データ 67／5.4.2 開花データ 68／5.4.3 花粉放出モデルと開花数 68／5.4.4 ドナーマップとレシピエントマップ 69
 5.5 交雑率の計算方法とシミュレーション結果例 ……………………… 69
  5.5.1 交雑率の計算方法 69／5.5.2 シミュレーション結果例 70
 5.6 今後の研究展望 ………………………………………………………… 72
  5.6.1 GMO 共存に向けた研究プロジェクトにおける課題構成 72／5.6.2 モデル化に関する課題の方針 73／5.6.3 モデルを用いた研究成果の活用方策 74
 5.7 プログラムのフロー概要 ……………………………………………… 75

6. 空中花粉モニターの開発 ……………………………………………… 78
 6.1 はじめに ………………………………………………………………… 78
 6.2 野外実験について ……………………………………………………… 79
  6.2.1 実験圃場 79／6.2.2 これまでの手法による花粉観測 79／6.2.3 気象観測について 80／6.2.4 トウモロコシ花粉モニター 80
 6.3 花粉モニターの仕組みと観測結果 …………………………………… 81
  6.3.1 トウモロコシ花粉モニターの製作 81／6.3.2 トウモココシ花

　　　　粉モニターの仕組み　82／6.3.3　群落全体の開花状況　83／6.3.4　気象観測結果　84／6.3.5　トウモロコシ花粉モニターでの計測結果　84
　6.4　花粉モニターによる新知見と今後の課題 ………………………… 88

7. 黄砂とその拡散問題 ……………………………………………………… 92
　7.1　はじめに ……………………………………………………………… 92
　7.2　黄砂研究を概観するための分類 …………………………………… 92
　7.3　何が？ ………………………………………………………………… 92
　7.4　どのように動き？ …………………………………………………… 94
　7.5　どのように作用するか？ …………………………………………… 98

8. 大気生物学における空中花粉研究 …………………………………… 102
　8.1　はじめに ……………………………………………………………… 102
　8.2　花粉飛散量の時間的・空間的変化 ………………………………… 102
　　8.2.1　開花期と花粉飛散期　102／8.2.2　年間の花粉総飛散量　103／8.2.3　花粉飛散量の日内変動　104／8.2.4　花粉飛散の空間的特性　104
　8.3　花粉飛散量と気象要素の関係 ……………………………………… 105
　8.4　拡散過程に着目した研究 …………………………………………… 107
　8.5　花粉の沈着過程に関する研究 ……………………………………… 109
　8.6　測定法の研究および応用的研究 …………………………………… 109
　　8.6.1　モニタリング手法に関する研究　109／8.6.2　疫学的研究　110／8.6.3　花粉飛散と気候変動に関する研究　111
　8.7　今後の検討課題 ……………………………………………………… 112

9. Epilogue ………………………………………………………………… 116
　9.1　移流・拡散方程式 …………………………………………………… 116
　9.2　モデルとは …………………………………………………………… 117
　9.3　本書の絵について …………………………………………………… 118

索　引 ……………………………………………………………………… 121

1. 大気生物学とは

1.1 大気生物学とは

　われわれの地球では，人類の活動が原因となって，人間をはじめとする生物に不都合な状態が色々と起きてきた．これを人類は環境問題と言っている．本来，自然の一部である人間が，自ら引き起こした問題に苦しめられている．それゆえに，環境問題は，人類を中心としたこれまでの考え方に警鐘を鳴らすとともに，人類のこれからの生き方や政策を決めるための重要な指針となる．

　地球の上で生活している我々人類を取り巻く環境を大まかにとらえたとき，大気環境，水環境，土壌環境がみえてくる．そこで，環境問題は，人間をはじめとする生物と，これらの三種類の環境との関わり合いの問題として扱われることが多い．地球環境は時間的・空間的にさまざまなスケールで考えることができ，環境問題においても取り上げる問題によって，取り扱う現象の空間スケールや時間スケールが異なってくる．大気環境の場合，現象の空間スケールと時間スケールの間に密接な関係があり，空間スケールの大きい現象は時間スケールも大きく，空間スケールの小さい現象は時間スケールも小さいという特徴がある．例えば，台風のような大きな現象は数週間も継続することがあるが，砂埃を舞い上げる塵旋風は数分も持続しない．これから述べる大気生物学は，集落スケールから都府県スケールの大気環境問題を扱うため，われわれに身近なスケールの現象を扱う研究分野といえる．非常に学際的であり，関係する諸分野との境界がとても不明瞭な研究分野である．

　大気生物学はあまり広く知られていない分野であるが，空中生物学とも呼ばれ，Spieksma（1991）によれば，「生物学の一分野で，花粉，細菌，菌類の胞子や小さな昆虫など，空中を移動する生物体を扱う学問」とされている．しかしもちろんこれは30年前の定義であり，大気生物学は境界領域の分野と相互

作用を繰り返しながら変化と発展を続けている．そこで，近年におけるこの学問領域の発展状況を考慮して，より現代的な定義を提案したい．大気生物学とは，「大気中を浮遊・飛翔する生物体である花粉・胞子・微小昆虫などを対象として，動態の解明・モデル化・評価予測などを行う学問領域」である．研究対象は，受動的に大気中を移動・拡散する生物体に限定するとし，鳥や自力で飛翔する能力が卓越する大きな昆虫などは対象外にする．細菌やウイルスなどを明示的にあげてもいいが，近年の国際大気生物学会（IAA）の研究会でもそのような発表はあまりみられないので，"など"に含めた．動態という言葉には，動きや状態や機構（メカニズム）など，幅広い意味を込めており，動きには，放出，拡散，沈着などの過程が含まれる．

　大気中を浮遊する微小な物体の種類と大きさを，非生物粒子を含めて表1.1に示す．煙の粒子とウイルスは同じ程度の大きさであり，大気汚染で問題となる粒子状物質（PM2.5，PM10）の大きさは細菌の大きさに近く，胞子は粒子状物質よりも大きいものが多い．菌類胞子の大きさは変異幅が大きく，シダ胞子の大きさの変異幅は小さい．花粉は胞子と比べてやや大きめであり，大気中を浮遊する球形粒子としては最も大きなものである．

　大気生物学の対象になる生物（大気生物）の中では，花粉が際立って多く取り上げられている．国際大気生物学会の参加者では花粉を対象とする研究者が

表 1.1 大気中の浮遊物質の種類と大きさ
(Nilsson, 1985 より一部改変)

浮遊物質の種類	直径
煙の粒子	$0.001\,\mu m$-$0.1\,\mu m$
粉塵	$0.1\,\mu m$-cm オーダー
PM2.5	$2.5\,\mu m$ 以下
PM10	$10\,\mu m$ 以下
ウイルス	$0.01\,\mu m$-$0.3\,\mu m$
細菌	$0.4\,\mu m$-$10\,\mu m$
単細胞生物	$2\,\mu m$-$50\,\mu m$
胞子（菌類）	$1\,\mu m$-$100\,\mu m$
胞子（コケ）	$6\,\mu m$-$30\,\mu m$
胞子（シダ）	$20\,\mu m$-$60\,\mu m$
花粉	$10\,\mu m$-$100\,\mu m$
昆虫，種子など	$>100\,\mu m$

($1\,\mu m = 0.001\,mm$)

最も多く，胞子・細菌・昆虫などを扱う研究者は圧倒的に数が少ない．また，花粉に関する具体的な研究課題としては，花粉によるアレルギー症，すなわち花粉症に関連した課題が最も多い．世間の花粉症に対する関心の高さを反映しているといえるだろう．もちろん花粉によってひき起こされる問題にアレルギー症以外にも存在し，私も遺伝子組換え体作物（GMO）の遺伝子流動の研究に関わってきた．しかし花粉を対象とした大気生物学で花粉症以外の研究実績は，まだ少ないのが現状である．

　花粉症の原因となる植物としては，スギ・ヒノキ科以外にも，イネ科やブタクサが広く知られている．地域によって植物相や開花期に違いはあるものの，一年を通じて様々な植物がアレルギー症を引き起こす可能性のある花粉を放出していると言っても過言ではない．この問題は，我が国のみならず，欧米を中心とした世界各国でも深刻な問題となっており，その軽減と解決のために，様々な分野と関わりながら研究開発が行われている．

1.2　大気生物の輸送過程

　大気生物が大気の中を浮遊・飛翔していく過程（輸送過程）は，放出するプロセス（Emission process），風によって運ばれつつ拡散するプロセス（Transport and Diffusion processes），落下し沈着するプロセス（Deposition process）に大別される（図 1.1）．大気生物の拡散問題では，各プロセスをできるだけ区別して解析して，各プロセスの中の主要原理を明らかにすると同時に，明らかになった原理を組み合わせ，輸送過程全体を総合的に解明していくことが重要である．そこで，本書では，各輸送プロセスの解明と総合的な理解という研究の流れを基調として，話を進めて行くことが多くなる．

1.3　大気生物学研究のアプローチ

　大気生物学における問題の研究には，主に3つのアプローチが使われる．この3つは大気生物学に限らず，様々な環境問題の研究において，ほぼ共通して使われる基本的な手法である．3つのMである．
①モニタリング（Monitoring）：観測や計測などによって，対象とする課題の

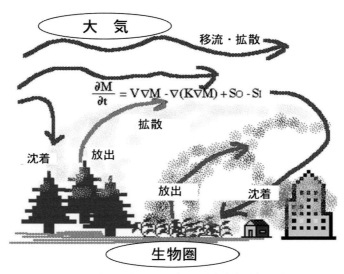

図 1.1 大気と生物圏の間で起きる大気生物の輸送過程
全体過程は，放出過程，移流・拡散過程，沈着過程からなる．

状態や状況を把握することを目指すアプローチである．測定方法や評価手法の研究もこの中に含んでよい．

②メカニズム解明（Mechanism）：問題となる現象の成立機構，問題の原因と結果の間の因果関係，問題現象に影響する要因の作用機構などを明らかにすることを目指すアプローチである．

③モデリング（Modelling）：対象とする現象を数理的にモデル化することを目指すアプローチである．比較的容易に測定できる量を説明変数とし，対象とする問題で知りたい量や状況の指標となる量を目的変数としてモデル化することが多い．

モニタリングによって定量的に問題の状況を時間的空間的に把握し，そのデータを解析することによって問題となる現象の成立メカニズムを解明し，最も影響している要因や因果関係を解明して数理的に表すことによってモデルを作成して，様々な要因が変化した際にどのような状態になるかを評価したり，将来起きると考えられる状況を定量的に予測したりするという流れが，環境問題における3つのアプローチの流れである．これら3つのアプローチによる研究は，相互に作用し，図1.2に示すような三つ巴の関係にある．モデル化して

図 1.2 大気生物学における 3 つのアプローチ

得られた予測から，今まで捉えていなかった測定項目の重要性が見えてきて，新たな測定機器の開発に繋がったり，モデリングによって新たなメカニズムの解明が行われたり，メカニズムの研究から測定方法の改良がおこなわれたりすること等が頻繁にある．本書における構成や説明の流れも，これら 3 つのアプローチを意識したものとなっている．

1.4 大気生物学に関わる科学分野

　環境科学が一般的にそうであるように，大気生物学は学際的な分野であるため，様々な分野の研究に関わり合いをもっている．花粉症への対策として行われている研究でも，医学，薬学，理学，農学，工学など，大学において理系と言われるすべての学問領域を中心に，各分野独自に，あるいは複数の学問分野にまたがって行われてきている．それらの中でも，とりわけ生物学，気象学，医学・疫学とは関りが深い．生物学寄りの分野としては，植物学，植物生理学，昆虫学，生物季節学，生態学，微生物学，バイオテクノロジーなどがあり，気象学寄りの分野であれば，環境物理学，気象学，気候学，大気化学，エアロゾル科学などがあり，医学・疫学寄りの分野としては，アレルギー学，免疫学，薬学，呼吸器系医学，皮膚科系医学などがあげられる．近年は，情報科学の分野との連携もみられるようになってきている．

　大気生物学の面白いところは，「気象学などの物理学系学問分野」と「医学や植物学などの生物学系学問分野」との境界領域に位置することである．私は

物理学系の専門家として，気象学方面から問題を見ているが，国際的にもわが国でも，生物学系の研究者の方が多い．気象学者は医学・疫学に弱い傾向があり，医学・疫学者は気象学に弱い傾向がある．私は気象学の出発点が農業気象の研究であったので，幸い同じ職場に生物学系の知人友人が多くいて，気象学と生命科学の両分野への見晴らしがいい境遇で育つことができた．そののち，日本テレビ放送網で花粉情報システムの実用化運用試験を行ったことをきっかけに，優れた疫学者である共同研究者と出会えたことで，異分野融合による大きな研究発展が可能となった．

1.5　日本の大気生物学

　大気生物学（空中生物学）という用語が，日本であまり知られていないことは，不本意ながら認めざるを得ない．それが本書を書くことにした動機でもある．1973年に井上栄一（大気乱流の専門家）が「日本農業気象学会誌」に投稿した報告が，この用語が日本で初めて紹介されたケースであろう．その内容は，主に1972年7月に行われた国際大気生物学会の研究集会に関するものだが，その中で大気生物学研究における乱流効果の重要性を指摘しており，彼の天才的な鋭い洞察を示すものとなっている．

　日本では，長期的に継続して行われた組織的な大気生物学研究は，あまり多いとはいえないが，いくつかの研究分野で集中的な研究が行われてきた．本節では，日本の大気生物学研究の概要を紹介する．

　少し歴史を遡れば，第二次世界大戦中に日本軍が，生物兵器（細菌）の拡散について研究していた．しかし，大気生物学の研究が，日本で活発に行われるようになったのは，第二次世界大戦の後である．他の国々と同様に，日本の大気生物学の研究は，その対象によって4つに分類できる．①花粉，②胞子，③昆虫，④微生物等である．これらの対象ごとに，我が国における研究の流れを，幾つかの研究例を参照しながら簡単に振り返る．

1.5.1　花　　粉

　花粉を対象とした大気生物学の研究には，2つの大きな流れがある．1つは花粉症を引き起こす物質としての花粉の研究であり，もう1つは本来の花粉の

機能として植物の交配を引き起こす物質としての花粉の研究である．

前者の流れは従来から非常に活発であり，医学・薬学の研究者を中心に，比較的長い研究の歴史がある．1978年に長野らによって編集された『日本列島の空中花粉』（長野，1978）は，日本で見られる様々な種類の空中花粉に関して，季節的な変動と地域的な差異を総合的に示した．

スギ（*Cryptomeria japonica*）花粉による花粉症は，わが国で最も深刻な花粉症の1つとなっている．ヒノキ（*Chamaecyparis obtusa*）の花粉とともに，我が国の大気生物学において特に研究例が多い対象である．初期の研究は，空中スギ花粉量と気象因子の関係を調べたものが多く，大まかに2つに分類される．1つは，空中花粉総数と前年の気候因子との関係を扱った研究（例えば，斉藤と宇佐美，1980；根本，1988；高橋ら，1989a；川島，1990）であり，もう1つは，毎日のあるいは1時間ごとの空中花粉数と気象条件との関係を扱った研究（例えば佐橋ら，1983；高橋ら，1989b）である．これらの研究結果からみえてくる最も重要な気候・気象因子は気温である．

スギ・ヒノキ科以外の空中花粉に関する研究もアレルギー問題と関連して数多く行われた．花粉症は花粉そのものではなく花粉に含まれるアレルゲンが原因であるため，アレルゲンに着目した大気生物学的研究も行われてきた．日本アレルギー学会と日本花粉学会の学会誌は，わが国における空中花粉によるアレルギー症研究の歴史と現状を知るための重要な情報源である．

一方，植物育種と関連した花粉飛散の研究も，様々な作物を対象として長く研究されてきた．レンゲの自然交雑の研究（末次ら 1960）やグレインソルガムの花粉飛散の研究（星野ら 1980）が初期の例として挙げられる．この分野では2000年以降になると，遺伝子組換え作物の環境影響問題と関連して研究が行われてきた．農林水産省も研究プロジェクトを設けて，遺伝子流動（gene flow）の指標となる交雑率と花粉飛散動態を解明する研究などを，トウモロコシとイネを対象として行ってきた．日本育種学会と日本花粉学会の学会誌がこの分野の研究例を知るための重要な情報源である．

1.5.2 胞　　子

胞子を対象とした大気生物学的研究の大部分は，作物病理学に関連した胞子の拡散性に関する研究である．花粉と同様にアレルギー問題と関係して胞子も

研究されているが研究例は少ない．わが国での作物病理学研究の代表的な対象はイモチ病菌類の胞子である．この胞子については，もともと短距離の拡散を問題にしてきた．しかし，胞子の拡散距離が約 1 km 以上あることがわかる（武田，1992；石黒，1994）と，中距離の拡散も考慮しなければ多くの現象が説明できないことが明らかになった．イモチ病では，胞子は夜間に形成されて，放出・拡散する（鈴木，1969）．イモチ病の感染には，風のない降雨のある条件が最も適している（小林，1984）．しかし，降雨があると胞子が空中から洗い流されて拡散が起きにくいのではないかという矛盾もある．イモチ病以外の胞子を対象とした大気生物学的な研究としては，カンキツかいよう病（小泉ら，1996）やトウモロコシ南方さび病菌（西，1997）に関するものがある．天気予報データを使用することで，イモチ病菌胞子の拡散について計算する作物病予測システムに関する研究は，この分野の大気生物学的な研究成果の1つである．植物病理学や植物防疫関係の学会誌が，この分野の研究例を知るための重要な情報源である．

1.5.3 昆　　虫

　微小昆虫を対象とした大気生物学的な研究の多くは，ヨコバイやウンカなど，作物害虫に関係するものである．国内におけるこれらの害虫の空間的な広がりと気象条件との関係について議論した研究が初期の例である（平井，1990）．一方，東アジアモンスーン地域でイネ害虫の動きを解明するために，地球規模のデータを用いて広範囲な領域でのイネ害虫の動きを調べる研究が実施された．東アジアのイネ害虫が移動するベルト地帯では，梅雨前線の季節変動と低気圧の発生が，イネ害虫の地理的な移動を示す指標になることが明らかになった（Sogawa and Watanabe, 1992）．また，ベトナムの北部地域から飛び出すイネ害虫は，中国南部を経由するような2段階の長距離飛翔を行うことでわが国まで到達することが示された（Sogawa, 1995）．イネ害虫以外の昆虫を対象とした研究として，気象レーダーの非降水エコー（雨や雪以外の原因で気象レーダーに現れるエコー．鳥や虫，自然現象などさまざまな原因が考えられる）から，微小昆虫の動態を評価する研究が行われた（松村と楠，1998）．非降水エコーに現れるものの正体を明らかにするために，繋留気球を非降水エコーが現れている時に大気中に飛ばして，浮遊物質を捕集網で集めた結果，水辺を飛

翔する微小昆虫やクモなどが見つかった．この研究は大気生物学におけるレーダー観測の有効性を示した．昆虫の翼の飛行特性の研究や，植物種子の飛行に関する研究なども関連する研究としてあげることができる．日本応用動物昆虫学会の学会誌は，この分野の情報源の1つである．

以上のように，大気中を浮遊する生物が引き起こす問題に対処するために，様々な研究分野で大気生物学的な研究が行われてきた．しかしながら，それらは1つの研究集団という形では情報交換を行って来なかった．これから花粉アレルギー問題，遺伝子組換え植物の環境影響問題，植物病害と害虫に関する問題などは，地球温暖化などのグローバルな環境の変化に対応して，より迅速な対策が求められる重要な研究課題となる．わが国も国際社会の中で，より活発に大気生物学について議論する機会を持ち共同研究を行うことで，基礎的な科学として，そして，問題の対策や解決技術として，大気生物学の進歩と発展に貢献していく必要がある．

本書では，大気生物学の主流である花粉を対象とした大気生物学の研究を中心に，主に気象学的な立ち位置から解説している．しかし，胞子や微小昆虫などを対象とした研究も行われているし，違った視点から書かれた本もある（例えばNilsson, 1985）．大気生物学により興味のある方は，この分野に関わりのある科学雑誌を検索していただきたい．雑誌としては，本書中の引用文献にもあるが，国際誌では『*Aerobiologia*』，『*Grana*』，『*International Journal of Biometeorology*』，『*Atmospheric Environment*』，『*Agricultural and Forest Meteorology*』，『*Journal of Aerosol Science*』などの雑誌，国内誌では『日本花粉学会誌』，『アレルギー（日本アレルギー学会の論文誌）』，『育種学雑誌（日本育種学会の論文誌）』などに大気生物学関係の論文が掲載されている．

大気生物学は枠にはまらない自由な学問分野である．今後も様々な学問領域との新たなかかわりによって発展する可能性がある点も，この分野における研究のもつ自由度の高さを表していると考える．

引用文献

平井一男，1990：アワヨトウの多発と越冬期の気象との関係．日本応用動物昆虫学会誌, **34**, 189-198.
星野次注，氏原和人，四方俊一，1980：グレインソルガム花粉の飛散時刻と飛散距離の推定．育種学雑誌, **30**, 246-250.

Ishiguro, K., 1994：Using simulation models to explore better strategies for the management of blast disease in temperate rice pathosystems, *Conference on Rice Blast Disease*, CABI PUBLISHING, 435-449.
川島茂人，1990：スギ花粉飛散量の新予測手法，気象，**34**（8），8-11.
小林次郎，1984：発生初期における葉いもちの疫学的研究，秋田県農試研報，**26**，1-84.
Koizumi, M., E. Kimijima, T. Tsukamoto, et al., 1996：Dispersion of citrus canker bacteria in droplets and its prevension with wind-breaker, *Proc. 8th congress of international Soc. Citriculture*.
松村　雄，楠　研一，1998：大気プランクトンを気象レーダーで捉える，平成9年度気象環境研究会「大気生物の拡散問題の現状と展望」，51-62.
長野　準，1978：日本列島の空中花粉，北隆館.
根本　修，1988：杉花粉と気象，天気，**35**，39-46.
Nilsson, S., 1985：*Luftens Biologi*, signum i lund publisher.
西　和文，川瀬章夫，並木史郎他，1997：熊本県および四国地方におけるトウモロコシ南方さび病の発生実態，九病虫研会報，**43**，16-18.
佐橋紀男，幾瀬マサ，斉藤洋三他，1983：本州中部における1983年のスギ花粉捕集調査成績，日本花粉学会会誌，**29**，19-28.
斉藤洋三，宇佐神　篤，1980：スギ花粉症と気象，気象，**24**，6-9.
Sogawa, K. and T. Watanabe, 1992：Redistribution of rice planthoppers and its synoptic monitoring in East Asia. *Technical Bulletin No. 131. Taipei*, Food and Fertilizer Technology Center, 1-9.
Sogawa, K., 1995：Windborne displacements of the rice planthoppers related to the seasonal weather patterns in the Kyushu district. *Bulletin Kyushu National Agricultural Experiment Station*, **28**, 219-278.
Spieksma F.T., 1991：Aerobiology in the Nineties: Aerobiology and Pollinosis. *International Aerobiology Newsletter*, **34**, 1-5.
末次　勲，伊東達雄，宮本松太郎他，1960：レンゲの自然交雑率に関する実験，育種学雑誌，**10**，69-74.
鈴木穂積，1969：いもち菌胞子の動態およびそれによる発生予察法，北陸農試報告，**10**，1-118.
高橋裕一，山口勝也，安部悦子他，1989a：雄花形成量を用いた来シーズンのスギ花粉飛散総数の予測方式の試み，免疫アレルギー，**7**，98-99.
高橋裕一，東海林喜助，片桐　進他，1989b：山形盆地におけるスギ花粉飛散の日内変動とそれに及ぼす温暖・寒冷前線の影響，アレルギー，**38**，407-412.
武田真一，1992：1991年発生初期における葉いもちの岩手県内地域別発生様相，北日本病虫研報，**43**，9-12.

2. スギ花粉と気象

2.1 はじめに

　毎年早春の2月頃から5月頃まで，スギ花粉による花粉症が発生する．近年その患者数は増加する傾向にあり，大きな社会問題となっている．それでは，どのような年に，スギ花粉は大量に飛散するのか？　また，シーズン中のどのような日に飛散量が多くなるのか？　などについて，実際に観測された気象条件の変化と，スギ花粉飛散量の変化を対比しながら考えてみたい．

　余談であるが，私の花粉飛散の研究は次のようにして始まった．
智子：今日は花粉症がひどいわ．スギ花粉がいっぱい飛んでいるんだわ．
茂人：外に出ない方がよかったかな．
智子：家のまわりにはスギの木なんてほとんどないのに，この花粉はいったいどこから来たのかしら．
茂人：風に乗って来たのさ．
智子：そんなこと当り前じゃない！　アナタは気象のことを研究してるんだから，何処から飛んで来たぐらいわからないの？（クシャンクシャンクシャン）
茂人：………

（イラスト：ふじたとしお　川島茂人，高橋裕一『気象学が教えるスギ花粉症対策』(現代社会保険出版, 1991) より）

　私の妻はひどい花粉症で，スギの木を見ると伐ってしまいたくなるほどなのである．

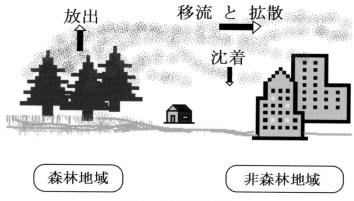

図 2.1 花粉の放出と拡散

2.2 拡散過程を分けて考える

　ある人が，都会のある地点で，一生懸命に空中の花粉数と気象条件を測定したとする．風向や風速が，その物質の濃度に大きく関係していることがわかり，気温や湿度も関係することがわかった．そこで，気象条件からその地点の花粉数を予測する式を作った．もし，この方法が，一定の精度をあげたとしても，実は基本的に大きな間違いがある．その花粉は都会からはるか離れたスギ森で放出された．その放出過程は，ある人が計った都会の気象条件ではなく，スギ森のところの気温や風で決まる．また，スギ森から都会の観測地点に至る過程も，最終的に行き着いた地点の風だけではなく，そこに至る全過程の風向・風速が影響して決まる．要するに，このような拡散現象は少なくとも面的に，さらにいえば3次元的にとらえなければならない．また，放出，拡散，沈着など，各プロセスを分けて考えなければ，現象の解明に近づくことはできない，ということである．

2.3 スギ花粉飛散量の観測方法

　一口に花粉飛散量といっても，実際に測定するのは難しい．空中飛散花粉濃度の定義からいえば，単位体積中の空気の中に含まれる花粉の数を計ればよい．

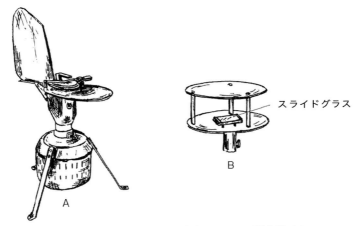

図 2.2 バーカード型捕集器（A），ダーラム型捕集器（B）
(川島茂人，高橋裕一『気象学が教えるスギ花粉症対策』(1991)，現代社会保険出版より)

この定義に最も近い測定方法が，空気を一定速度で吸引してその空気の中に含まれる花粉の数を数えるバーカード（Burkard）型捕集器（図 2.2A）（開発者の名からハースト（Hirst）型捕集器とも呼ばれる）を用いる方法である（川島ら，1995）．しかしながら，この捕集器は高価であり，保守も面倒であるため，我が国で最も一般的に用いられている測定方法はダーラム（Durham）型捕集器（図 2.2B）である．この方法は，ワセリンを塗ったプレパラートを，野外に一定時間放置しておき，単位面積あたり付着した花粉数を数えるものである．プレパラートの上下には，雨よけなどのための円形の板が取り付けられる．ダーラム型は，空気中から落下してきてプレパラートに付着した花粉数を数えることによって，空気中の花粉濃度を調べる方法であり，両者の間に正比例の関係があることが，前提条件となっている．バーカード型を体積法，ダーラム型を重力法ということがあり，体積法の計測値を飛散量，重力法の計測値を飛散数と区別して呼ぶこともある．

2.4 スギ花粉飛散を特徴づける 3 つの特性

具体例として，1990 年，スギ花粉は多量に飛んだが，終わりが比較的すっきりしていた．その 2 年前，1988 年は多量に飛び，かつ，いつまでもずるず

ると飛んでいた．このように年によって花粉の飛散パターンは異なるのであるが，その全体的な形は，次のような3つの特性によって決まる．
①各シーズンの花粉総飛散量：毎日の花粉飛散量を，飛散開始日から飛散終了日まで合計した値．
②シーズン中の日々の飛散量の変動：シーズン中は飛散量の多い日と少ない日が繰り返される．このような日々の飛散量変動．
③花粉飛散期間：飛散開始日と飛散終了日，およびそれらの間の長さ．

2.5 実際のスギ花粉飛散パターン

　スギ花粉は毎年2月から5月頃の間に大量に飛散するが，このシーズン中の飛散量の経時変化パターンはどのようなものであろうか．また，どのような気象条件の日に，花粉の飛散量が多いのであろうか．

2.5.1 年次によるパターンの違い

　具体的な例として，1986年から1990年までの5年間の，スギ花粉飛散シーズン中の，都内のスギ花粉飛散数の経日変化を図2.3に示す．
　飛散数を示す縦軸を対数表示にした．これは，パターンの特徴を把握しやすくするためと，外界からの刺激に対する人間の感じ方が一般に対数的であるためである．例えば耳や目は，刺激が強い時の方が弱い時に比べて，刺激量の変化に対して鈍感になる．花粉が100個と200個の差が症状の差に表れたとしても，1100個と1200個の差は症状の差に表れにくいという考え方である．
　これらの図から，まず気が付くのは，シーズン中の花粉飛散数変化が，台形状パターンの年と，連峰状パターンの年があることである．1986年と1990年は，すみやかに飛散数が増加し，多いままあまり変化せず推移し，その後急速に減少し，すっきりと終了する台形状パターンの年である．一方，1987年と1988年は，飛散開始時期に一気に増加せず徐々に増加し，最盛期にも大きく増加と減少をくりかえした後に，だらだらと減少し，シーズン終了に向かう連峰状パターンの年である．1989年は，飛散数が非常に少なかったが，経日変化の形としては，連峰状パターンに近いと考えられる．
　このようなパターンの違いが，何によって発生するかについて明瞭な答え

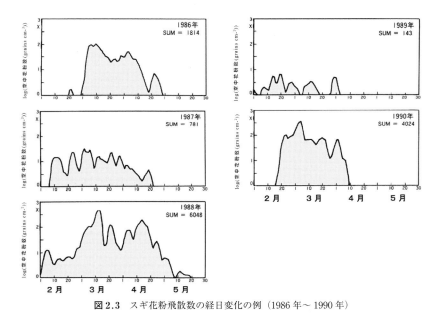

図 2.3 スギ花粉飛散数の経日変化の例（1986 年～ 1990 年）

見つかっていない．しかしながら，飛散のピーク，すなわち花粉の飛び出しをひきおこす気象条件については，いくつかのことが明らかになったので，以下に簡単に述べることにする．

2.5.2 気温と風速の変動パターン

どのような気象条件の時に，スギ花粉が多量に飛び出すかについて，試行錯誤的に様々な解析を行った結果，まず第一に，気温と風速の変動が問題であることが明らかになった．ここでいう変動とは，例えば気温では，気温の値そのものでなく，現在の気温と，過去の一定期間の平均気温との差のことである．

そこで，図 2.3 と同じ 5 年間のスギ花粉飛散シーズン中の気温変動（ΔT）と風速変動（ΔW）を図 2.4 に示す．縦軸は，過去 20 日間平均の気温・風速とその日の気温・風速の差であり，横軸は時間である．

図 2.3 と図 2.4 を比較してみると，これら 5 年間にほぼ共通していえることは次のようなことになる．

① 各年とも，飛散の開始は ΔT のピークによって引き起こされている．
 ・1986 年は 3 月上旬の ΔT の大ピーク

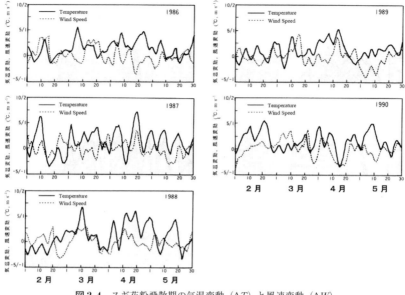

図 2.4　スギ花粉飛散期の気温変動（ΔT）と風速変動（ΔW）

・1987 年は 2 月上旬の ΔT の大ピーク
・1988 年は 2 月上旬の ΔT の小ピーク
・1989 年は 2 月上旬の ΔT の小ピーク
・1990 年は 2 月中下旬の ΔT の大ピーク

　花粉の飛散開始の第 1 条件は，1 月 1 日からの積算気温が一定の値（地域によって値は異なる）を越えることであるのが知られているので，第 2 の条件として，ΔT のピークが引き金になると考えられる．

② 各年とも，飛散数のピークは，ΔT のピークもしくは ΔW のピークにほぼ一致している．

③ 特に 1986 年は，花粉飛散開始から終了までの期間の花粉飛散数変化パターンと，ΔT の変化パターンがよく一致している．

④ 特に 1988 年は，この期間の花粉飛散数変化パターンと，ΔW の変化パターンがよく一致している．

⑤ シーズンのパターンが台形となる 1986 年と 1990 年の ΔT のパターンを見ると，どちらも花粉の飛散開始を引き起こした大ピークの後の経時変化が似ている．すなわち，ΔT は鍋底状に低くなり，20 日以上も大きなピーク

をもたないという特徴がある．そこで，飛散開始を引き起こした ΔT のピークの後で，ΔT が大きくならないことが，シーズンのパターンが連峰型とならず台形型となる条件の1つと考えられる．

以上の結果から，一般的に次のようなことがいえる（川島，1991；Kawashima and Takahashi, 1991, 1995）．

① 各種気象要素（気温，風向，風速，日照，降水量）の中で，気温と風速が，花粉の飛び出しに最も関係している．
② 気温について：気温の絶対値よりも，その変動が問題である．すなわち，現在の気温と，過去の一定期間の平均気温との差の大きさ（ΔT）が問題であり，この大きさがスギ花粉の飛び出す量に関係している．
③ 風速について：風速の絶対値よりも，その変動が問題である．すなわち，現在の風速と，過去の一定期間の平均風速との差の大きさ（ΔW）が問題であり，この大きさがスギ花粉の飛び出す量に関係している．
④ 現在との差を評価するための，過去の一定期間の長さは，19日から20日程度が最適である．

2.5.3　場所によるパターンの違い

花粉放出源地域に位置する五日市，周囲にスギの木はほとんどなく放出源から遠い丸の内，これら両地点の中間に位置する町田を例にとり，図2.3と同じ5年間のスギ花粉飛散数の経時変化を図2.5に示す．

花粉数が10（個 cm^{-2} 日$^{-1}$）以下の状態を除けば，各々の年において，これら3地点の経時変化の全体的パターンは，よく類似している．また，その大小関係も，五日市＞町田＞丸の内の順にきちんと並んでいる．しかしながら，これら3地点の花粉数経時変化を，より詳細に見ると，五日市でピークがあるのに，町田や丸の内でピークがなかったり，ピークの位置が地点ごとにずれている現象が観測されている．

2.5.4　開花日の問題

スギ開花日の年次による違い，場所による違い，そしてその広域的分布が，大切な情報であることがわかってきている（川島・高橋，1993；川島ら，1998）．本書では詳しく述べないが，開花日情報をいかに正確に，広域的に評価・

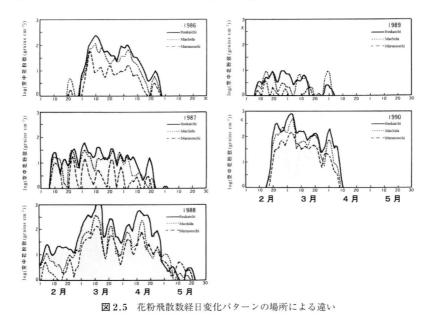

図 2.5 花粉飛散数経日変化パターンの場所による違い

予測するかが,スギ花粉の飛散動態の解明や,花粉飛散量予測のために,重要であるといえる.

2.6 シーズン中のスギ花粉総飛散量の予測

シーズン中のスギ花粉総飛散量を前年の気象条件などから推定する方法については,すでに様々な方式が提案され,実施されている.その多くは,前年の夏期の最高気温や降水量などから回帰式を用いてシーズン中の花粉総飛散量を予測するものである.このような方式は,スギの木に対して,10日とか一か月という,ある特定の時期の気象条件が,花芽の形成に影響を及ぼすという仮定のもとに組み立てられている経験則である.

一方,イネやムギなどの植物の生長をモデル化したり,収量を予測したりする時に,よく使われる気候的指標として積算温度がある.積算温度は,測定された温度と基準温度との差を,ある期間について合計した値であり,温度の種類,基準温度,積算期間のとり方によって様々なものがある.図2.6に積算温度の概念図を示す.図で縦線を引いた部分の面積が積算温度である.

2.6 シーズン中のスギ花粉総飛散量の予測

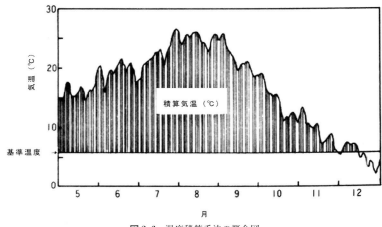

図 2.6 温度積算手法の概念図

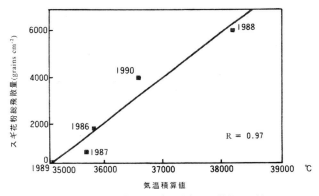

図 2.7 気温積算値と翌年の花粉総飛散量の関係

そこで，1986年から1990年の5シーズンについて，前年の積算温度とシーズン中のスギ花粉総飛散量の関係を調べた．積算温度は，スギ森林地帯に位置するアメダスの青梅観測所における日平均気温を，スギ花粉飛散がほぼ終了する5月から次の飛散シーズンが開始する前の12月までの8ヶ月間について合計して求めた．一方，各シーズンのスギ花粉総飛散量は，山間部から都心部に至る都内6地点（五日市，八王子，武蔵調布，町田，葛飾北，丸の内）における花粉捕集数日別値をもとに，これら6地点の平均捕集数の日別値（都内平均の日別花粉飛散数）を計算し，シーズン中（2月から5月まで）について合計

して求めた．積算気温を計算する時の基準温度を2℃にすると，積算気温と翌年の総飛散量との相関が最も高くなることが明らかになった．

図2.7に，以上のようにして求めた積算気温と翌年のスギ花粉総飛散量の関係を示す．図中の西暦年は，各スギ花粉シーズンの年である．ケース数が5つなので，あまり確たることはいえないが，5月から12月の積算気温と翌年のスギ花粉総飛散量には，かなり一定の関係があると考えられる．すなわち，暑い夏と暖冬がきた翌年のスギ花粉総飛散量は，非常に多くなる傾向がある，ということである．また，予測年の前年の気温だけでなく，前々年の気温も考慮することによって，花粉総飛散数の予測精度が格段に向上することも最近明らかになっている（高橋・川島，1999）．

2.7 新しいスギ花粉情報へのアプローチ

花粉症患者の増加とともに，スギ花粉の飛散情報に神経をとがらせる人が多くなっている割には，TV，新聞などで報じられる花粉情報はかなり大まかなものであり，より詳しい情報を求める患者側のニーズも高い．そこで，スギ林の植生分布やアメダス等の気象データを用いて，より詳細なスギ花粉飛散量分布の予測を行うことを考えた．

わが国には，世界的にも他に類をみない空間的に密な気象観測システムであるアメダス（地域気象観測網）が展開されているとともに，天気予報などで使われる数値予報値も利用可能である．また，国内の植生については詳細な調査が行われており，植生分布図としてまとめられている．さらに，近年花粉症が社会問題化したことに対応して，いくつかの地方自治体によって，組織的な花粉捕集数の観測が始まり，データが蓄積しつつある．そこで，これらの情報を積極的に利用し，有機的に総合化することによって，スギ花粉飛散量分布を予測し表示するシステムを構築する手法を開発した（川島，1991；Kawashima and Takahashi，1991，1995，1999）．

図2.8に，スギ花粉が多量に飛散した時の空中飛散濃度の分布図を示す．黒い点の多い所ほど，花粉濃度の高い地域である．この図から，もともとスギ森林の多い関東地方の西部や北部では，花粉濃度が高いことがわかる．また，これらの地域から放出された花粉が，風によって運ばれるために，風向きによっ

2.7 新しいスギ花粉情報へのアプローチ

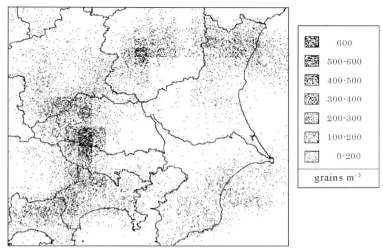

図2.8 花粉拡散シミュレーションで求めたスギ花粉飛散量の空間分布
空中花粉濃度が高い地域ほどドットの濃度が高くなるように設定して，花粉の動きがひと目でわかるようにした．

ては，スギの森林などのない東京でも，かなり花粉濃度が高くなることがあるのがわかる．

　この図は，すでに述べたような「気象条件とスギ花粉放出量の関係」と「スギ森林の分布図」を用いて，コンピュータによってスギ花粉の放出量の分布をシミュレートし，さらに，気象データの中の風の流れをもとに拡散プロセスを数値的に計算して求めたものである．そこで，気象条件として数値予報値を用いることによって，明日のスギ花粉飛散状況が予測できるしくみになっている．
　このシステムが生み出す情報には，以下のような利点がある．
・今までより小さな範囲（10 km四方単位）ごとのスギ花粉飛散量濃度が推定され，より面的に詳細なスギ花粉情報を得られる．
・毎時の気象状況に応じて，スギ花粉飛散量の分布図が得られる．
・面的な分布図として，スギ花粉の飛散状況が把握できるので，花粉症患者の行動決定などの参考情報になる．
・花粉症患者のいる家庭で，布団や洗濯物を干す，干さないなどの判断の参考になる．
・病院などにおいて，医師が花粉症患者へ指導を行う時の参考情報となる．そ

の他，今までよりも，時間的・空間的に詳細な情報が得られることにもとづく，各種の利用形態が考えられる．

2.8 花粉飛散予測

スギ花粉飛散量と気象条件の関係，および新しいスギ花粉情報の考え方について述べてきた．以上を，花粉飛散予測の観点からまとめると，次のようになる．
1) 総飛散量予測

5月から12月までの積算気温が大きくなる年の翌年は，スギ花粉の総飛散量が多くなる傾向がある．すなわち，暑い夏と暖冬がきた翌年のスギ花粉総飛散量は，非常に多くなる傾向がある．
2) 飛散開始の予測

スギ花粉の飛散開始の第1条件は，1月1日からの積算気温が一定の値（地域によって値は異なる）を越えることである．第2の条件は，気温の変動（過去2～3週間の平均気温からの気温差）がピークになることである．
3) 日々の飛散量の変動予測

各種気象要素（気温，風向，風速，日照，降水量）の中で，気温と風速が，花粉の飛び出しに最も関係している．さらに，気温や風速の絶対値よりも，それらの変動の経過が問題である．すなわち，現在の気温と，過去2～3週間の平均気温との差が大きくなる時にスギ花粉の飛び出す量が多くなる．風速についても気温と同様である．
4) 飛散量分布の予測

スギ森林の分布や各種気象情報などを用いて，花粉の放出・拡散シミュレーションを行うことにより，スギ花粉飛散量分布の地図が得られる．この手法を発展させることにより，従来よりも時間的・空間的に詳細な，スギ花粉飛散量分布の予測が可能になる．

2.9 アレルゲンとしての拡散問題

空中花粉と花粉アレルゲンとの関係をみると，必ずしも花粉の数とアレルゲンの量は一致しない．大気中を飛散（浮遊）しているアレルゲン量を測定する

免疫学的な方法として，現在最も適当と考えられるのは，エアロアレルゲンイムノブロット法（Takahashi et al., 1993）（以後，略してイムノブロット法と呼ぶ）である．イムノブロット法は，バーカード型捕集器で得られた試料を，アレルゲンに対する抗体で酵素免疫学的な処理を行い，可視化している．アレルゲンがあった場所は中心が濃く周囲に行くほど薄い点（スポット）が得られる．

イムノブロット法では大気試料に含まれるアレルゲンの量を求めることはできるが，アレルゲンのみが可視化されるため，捕集された粒子の中でどの粒子がアレルゲンを有するかを同定することはできない．そこで，大気試料を捕集したテープとアレルゲンを吸着させた膜を乾燥状態で密着させた後，移動することなく固定した状態で抗原抗体反応を行いアレルゲンを可視化することで，大気資料粒子とアレルゲンが同時に見られる．スギ花粉の主要アレルゲンの一つであるCry j 1に対するモノクローナル抗体を用いて，Cry j 1を有する大気浮遊粒子を可視化した例を図2.9に示す．スギ花粉の他にOrbiclesと呼ばれる小さな粒子にもスポットがみられる．このように，花粉アレルゲンの一部は花粉以外の微粒子にも見出される．図2.10に，都市部と田園・山村部におけるアレルゲンの存在形態を模式的に示す．都市部ではビル，舗装された道路，石だたみ等，乾燥した地表面が多いため，一度落下した花粉が何度も再飛散していると考えられる．また都市部は交通量が多く，自動車からのディーゼル排

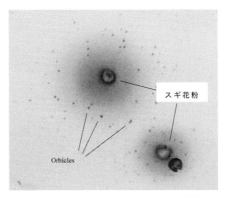

図2.9 スギ花粉に対するCry j 1モノクローナル抗体（KW-S91）を用いたイムノブロット法で得られたスポット
（写真提供：高橋裕一博士）

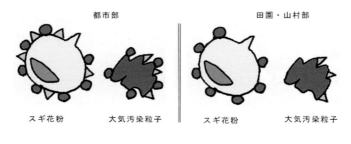

図 2.10 都市部と田園・山村部におけるアレルゲンの存在形態（図版提供：高橋裕一博士）

気粒子（DEP）なども多いため，花粉から遊離したアレルゲンが多くなると推測される．

2.10 拡散研究の視点

　生態系では，生物由来や非生物由来の様々な粒子やガスが大気中に放出され，拡散している．これらの中には，われわれ人類の安全で健康的な生活に悪影響を及ぼす物質，生態系の安定を乱す可能性のある物質，地球全体の気象環境に改変をもたらす物質などがあり，各種の問題を引き起こしている．老子という人が言ったとされる，

「常無欲にして以て其の妙を觀，
　常有欲にして以て其の徼を觀る」

という言葉がある．これは，われわれがいる世界や宇宙のことに関する非常に大きなことについて述べている中の一部であるが，大まかには，妙とは千万年を通じて変わらない自然界の法則のことをさしており，徼とはそれが細かく発展してできてきた目に見える自然界のことをさしていると考えられる．自然界のことを調べているものにとっては，大変教えられることの多い思想で，この言葉も，大気拡散の研究をさまざまな角度からやっていると相似性が見えてくる．様々な物質が放出され，拡散していく．そして広がり沈着していくが，そこには，それぞれの物質にはよらない基本的ルールがあって，それにのっとって現象がおきている．そして，物質やそのときその場の条件などで，そのルールの現れ方が違ってくる．現実にはその結果しか見えないが，

①それを理解し本質を解明するには,背後にあるルールを観なければいけない.根本のところを明らかにしなければならない.
②しかし,それぞれの物質や条件ごとの現れ方というものも違い,どのように変化していくかという,その発展して行く末までもよく見究めるということが必要である,と解釈される.

　大気拡散の基本ルールは拡散方程式である.様々な大気拡散研究を融合する核となるのは,やはりこの方程式であり,その周りを,測定法の研究,濃度評価法やシミュレーション手法の研究,気象条件の影響に関する研究などがとりまいている.この領域における研究を進展させ,具体的問題に対応できるパワーを強化するためには,医学・気象学・生物学などの分野はさらに一体となって,研究を展開していく必要がある.

引用文献

川島茂人,1991:スギ花粉の発生と拡散過程のモデル化—スギ花粉の拡散過程に関する研究 (I)—,日本花粉学会会誌,**37**,11-21.

Kawashima, S. and Y. Takahashi, 1991：Modeling of outbreak and dispersion processes of airborne pollen of *Cryptomeria japonica, Abstracts of X IV International congress of Allergology and Clinical Immunology*, **237**.

Kawashima, S. and Y. Takahashi, 1995：Modelling and simulation of mesoscale dispersion processes for airborne cedar pollen, *Grana*, **34**, 142-150.

Kawashima, S. and Y. Takahashi, 1999：An improved simulation of mesoscale dispersion of airborne cedar pollen using a flowering-time map, *Grana*, **38**, 316-324.

川島茂人,高橋裕一,1993:広域的なスギ開花日分布の推定手法—スギ花粉の拡散過程に関する研究 (IV)—,日本花粉学会会誌,**39**,121-128.

川島茂人,高橋裕一,相川勝吾他,1995:画像処理手法を用いた空中花粉捕集量の自動計測,アレルギー,**44**,1150-1158.

川島茂人,高橋裕一,佐橋紀男,1998:気温変化パターンに基づくスギ花粉飛散開始日の簡易予測,アレルギー,**47**,649-657.

高橋裕一,川島茂人,1999:夏期気温の年次差を利用したスギ花粉総飛散数の新予測方法,アレルギー,**48**,1217-1221.

Takahashi, Y., T. Nagoya, M. Watanabe, et al., 1993：A new method of counting airborne Japanese cedar (*Cryptomeria japonica*) pollen allergens by immunoblotting. *Allergy* **48**, 94-98.

3. スギ花粉の放出と拡散過程に関する研究

3.1 はじめに

　前章でも述べたように，スギ花粉などによる花粉症の患者数は増加する傾向にあり，大きな社会問題となっている．アレルギー症状を軽減するためには，抗アレルギー剤による治療などいくつかの方法があるが，何をおいてもまずアレルギー症状を起こすアレルゲン物質への接触をできるだけ少なくすることが大切である．しかしながらテレビ，新聞などで報じられる花粉予報は充分に詳細なものとは必ずしもいえず，患者自身が行動を判断するためには，従来よりも時間的および空間的に詳しいスギ花粉飛散情報を，客観的かつ高精度で作成できる手法を開発する必要がある．そのためには，まずスギ花粉の拡散過程に関わる様々な現象を大気生物学(Aerobiology)などの手法を用いて明らかにし，さらにその成果に物理学的な手法や各種情報処理手法等を組み合わせて用いることで，精度の高い花粉情報を生み出せるシステムを構築していくことが重要である．

　大気中を輸送される様々な物質の拡散過程は，一般的に次の移流・拡散方程式で記述される．

$$\frac{\partial P}{\partial t} = -V \cdot \nabla P + \nabla (K \cdot \nabla P) + S_O - S_I \tag{1}$$

ここで，微分作用素 $\nabla = \partial/\partial x + \partial/\partial y + \partial/\partial z$，$P$ は対象とする物質の濃度であり，花粉の場合は単位体積の空気中にある花粉数，V は大気の速度ベクトル，K は拡散係数，S_O は物質の発生強度，S_I は物質の消失強度，x，y，z は直交座標系である．この式は直接的には，ある場所における対象とする物質の濃度変化が，その物質の移流，拡散，発生および消失によって決まることを表わしているとともに，間接的には，輸送過程が移流，拡散，発生，消失などのサブプロ

図 3.1 スギ花粉の輸送過程の基本的構成

花粉において，輸送過程全体は，森林から発生する過程，風によって運ばれつつ拡散する過程，落下し沈着する過程に大別される．

セスから構成されていることを示す．

花粉においても，輸送過程全体は図 3.1 に示すように，森林から発生する過程，風によって運ばれつつ拡散する過程，落下し沈着する過程に大別される．花粉の拡散問題では，各過程をできるだけ区別して解析して，各サブプロセスの中の主要原理を明らかにすると同時に，明らかになった原理を組み合わせ，輸送過程全体を総合的に解析することが重要である．本稿では，このような考え方をふまえ，花粉が森林から発生してからたどる経過にそって，「スギ花粉の放出と拡散過程に関する研究」の概要について解説する．

3.2 発生源問題

花粉が雄花芽から空気中に飛び出すプロセスは，厳密には「放出 (Emission)」と呼ぶべきであるが，わかりやすくするために「発生」という呼び方も使用した．

3.2.1 スギ森林の分布

花粉発生源の問題で，まず重要となるのが，発生源となるスギ森林の分布である．これを評価するには，既存の植生図を用いる方法と，リモートセンシング画像をもとに評価する方法がある．

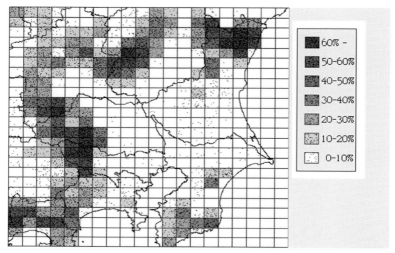

図 3.2 スギ森林の分布図の例
スギ森林の分布状況に2次メッシュを重ねたもの.黒い点の多いところほど,スギ森林の密度の高い地域.2次メッシュは,縮尺2万5千分の1の地図1枚に相当する区画で,関東地方では,およそ縦10 km,横10 kmの大きさとなる.

環境庁(当時)が作成した3種類の植生図(1975,1980,1986)をもとに,国土数値情報の地域区画単位の一つである2次メッシュごとに,各メッシュ内のスギ森林の面積率を読み取り,スギ森林分布の数値マップを作成した例を図3.2に示す.黒い点の多いところほど,スギ森林の密度の高い地域である.環境庁(当時)が作成した植生図は,更新回数が少なく最新のスギ林を評価できないという問題点がある.そこで,人工衛星画像を用いて,スギ森林分布図を作成する方法について検討した(Takahashi et al., 1992,高橋・川島,1999a).その結果,いくつかの検討課題は残るものの,最新のスギ森林分布図を作成することができた.

3.2.2 花粉総飛散数の予測

1シーズンあたりの花粉総飛散数に関する研究は,全プロセスの結果を総合的に見たものであるため,どのプロセスで述べるのが適切か難しい.しかしながら,花粉総飛散数はその年の雄花芽の量に密接に関係しているため,発生源問題の1つとして考えた.斉藤と宇佐神(1980)は,7月の平均気温・湿度と翌春の総飛散数との関係について検討した.王ら(1984)は夏期の最高気温から,

翌春の総飛散数を推定する回帰式を示した．根本（1988）は，7月の最高気温と降水量および冬期の最低気温が，翌春の花粉総数と関係していることを示した．また，高橋ら（1989b）や芦田ら（1989）のように，スギの樹勢やセミの初鳴日など生物的な因子を加味する予測法も検討されている．小笠原ら（1998）は，数十年にわたる長期的なスギ花粉総飛散数の年次変動をスギ造林面積との関係で解析し，空中花粉の増加が壮齢林面積の増加と関係していることを明らかにした．翌シーズンの花粉総飛散数を予測するために，高橋ら（1996b）は，前年の7月の平均気温（℃）と前年の雄花芽量（％）を用いる計算式を提案した．また，予測年の前年の夏期の気温だけでなく，前々年の夏期の気温も考慮することによって，花粉総飛散数の予測精度が向上することが明らかになった（高橋・川島，1999b）．

3.3 発生（放出）過程

3.3.1 開花日の推定・予測手法

　スギ開花日を面的に推定・把握することは，スギ花粉の拡散過程を解明する上で大切なポイントの1つであり，花粉飛散予測においても重要な情報である．しかしながら，地形の変化に富む地域では，場所による開花日のずれが大きく，いかに，より正しく空間的な分布を推定するかが問題となる．そこで，局地スケールおよびメソスケールの地域を対象に，気象情報や地形情報等に基づいて開花日の分布を推定する手法が必要となる．

　毎日の気温を積算する手法に基づくスギ開花日マップの作成手法について山形県を対象地域として検討した（高橋ら，1991；Takahashi and Kawashima, 1993）．さらに，より広域的な開花日を推定するために利用できるいくつかの手法を比較検討した（川島・高橋，1993）．その結果，標高と1月の平均気温から重回帰式で開花日を推定する手法が，最も推定誤差が小さく，実用性も高いことが明らかになった（図3.3）．

3.3.2 飛散開始日

　平ら（1992）は，スギ花粉の飛散開始を予測するためには休眠打破日が重要であることを示すとともに，富山県において休眠打破となる条件を明らかにし

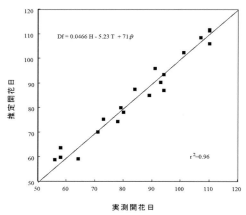

図 3.3 標高と 1 月の平均気温から推定した開花日と
実測開花日の関係.(川島と高橋, 1993)

た.小笠原ら (1995) は,六甲山系を中心に兵庫県内のスギ開花時期を調査した結果,六甲山系のスギ林が兵庫県内の飛散開始の指標となること,休眠打破日以降の日平均気温積算値が飛散開始日を推定するのに有効であることを示した.Sahashi ら (1995) は,9 年間の平均飛散開始日,最高気温,緯度などの間の関係を,九州から東北地方にまたがる 17 地点のデータに基づき解析した.その結果,1 月の最高気温の積算値は 1 月 1 日から飛散開始日迄の日数と高い負の相関があること等を明らかにした.このように,様々な角度から飛散開始日の推定法に関する研究が行われており,簡易で実用的な手法が求められている.そこで,開花前数カ月間の気温変化パターンに着目して,飛散開始日の予測法を検討した結果,気温変化パターンの最低温度等を用いて,飛散開始日を簡易に推定できることが示された (川島ら, 1998).

3.3.3 開花期間,開花パターン

標高差によるスギ開花期間のずれを,山形盆地から蔵王連山にかけて調査した.その結果,開花時期は標高に従って登るように推移すること,いづれの標高でも開花期間は約 10 ～ 14 日であること,スギ林の標高が上限に近づくと開花期間は短くなる等のことが明らかになった.スギ森林地帯 (真室川町) において,日最高気温,開花状態,空中花粉数を調査した結果,放出源地域における空中花粉濃度の経日変化は,台形パターンを示した (高橋ら, 1993).

3.3.4 発生量と気象条件の関係

斉藤と宇佐神（1980）は，花粉飛散数の日変化と気象状態との関係を調べた結果，湿度が低下するに従って飛散数は増加すること，たとえ夜間でも寒冷前線の通過によって湿度が低下し，風速が強くなれば多数の花粉が短時間に飛散することを明らかにした．佐橋ら（1983）は，本州中部におけるスギ花粉捕集調査の結果にもとづき，日平均気温の急激な上昇があった後に，捕集数の大きなピークが観測されること，最大ピークが春一番のような強風の日に出現する確率が高いことなどを明らかにした．また，高坂（1987）は，花粉の飛散数は，気温の上昇と湿度の低下が同時に起こると増加すること，雨が降ると著しく減少すること，雨上がりに気温の上昇と湿度の低下があれば特に大きくなることなどを述べている．高橋ら（1989a）は，山形市におけるスギ花粉飛散の日変化の様子と気象条件との関係を調べた結果，温暖前線通過前には著しく花粉飛散数の多い時間帯が見られ，それに続く寒冷前線通過時には花粉飛散数が非常に少なくなることなどを明らかにした．以上のような研究をふまえて，スギ花粉が大気中に飛び出す量と気象条件の関係についてモデル化を試みた．

スギ花粉量を気象条件との関係でモデル化するには，バーカード式などの体積法による空中飛散花粉濃度の実測値を用いることが望ましい．しかしながら，実測データが花粉捕集数（落下付着数）の場合は，花粉捕集数と空中飛散花粉濃度の間に近似的な比例関係が成り立つことを利用して解析した．東京都西部に広がるスギ花粉発生源地域（青梅市，八王子市）の気象データとスギ花粉捕集数データ（青梅市，五日市市，八王子市にて採集）を中心に，スギ花粉がどのような気象条件の時に飛び出すかについて，各気象要素と花粉飛散数との相関解析を行った．その結果，次のことが明らかになった．

① アメダス観測4要素（気温，風向・風速，日照時間，降水量）の中で気温と風速が，花粉飛散数との相関係数が大きい．
② ある時刻の気温や風速の値そのものよりも，それ以前のある期間の平均的な状態からの差として定義される気温や風速の「変動値」の方が，花粉飛散数との相関が高い．

これらは，気温の急激な上昇があった後に，捕集数の大きなピークが観測されることや，最大ピークが春一番のような強風の日に出現することが多いという報告と符合する．この結果をシミュレーションモデルに組み込むために，気

象条件とスギ花粉発生量の関係を，次式 (2), (3), (4) のように定式化した (川島, 1991；Kawashima and Takahashi, 1991, 1995).

$$\Delta T_i = T_i - \frac{\sum_{j=1}^{N} T_{i-j}}{N} \tag{2}$$

$$\Delta W_i = W_i - \frac{\sum_{j=1}^{N} W_{i-j}}{N} \tag{3}$$

$$F_i = a\Delta T_i + b\Delta W_i + c \tag{4}$$

ここで，T は気温，W は風速，ΔT_i は気温の変動値，ΔW_i は風速の変動値，i は時刻，j は積算を求める際の時刻差，N は平均化期間のデータ数，F は単位面積のスギ森林から単位時間に大気中に放出される花粉数である．重みパラメータ a, b, c は，対象とする年次の雄花芽の形成量に関係する．

これらの式のパラメータを経験的に決める際には，ΔW のかわりに W を用いる効果や，ΔT と ΔW の積の項を検討するなど，様々な組合せで比較検討を行い，重相関係数の最も高くなる式を選択した．平均化期間 N の長さを変化させ，実測飛散数との相関を調べた結果，最適の N が 456 時間 (19 日間) であることが明らかになった．さらに，この N で計算した ΔT, ΔW と，スギ森林地域の花粉捕集数データを用いて，重回帰式 (4) の重み a, b, c を決めた．また，最近の解析では，時間に対する気温の変化率によっても，大気中への花粉放出量が評価できることが明らかになった．

3.4 移流・拡散過程および総合的解析

比較的短い距離の拡散について検討した例として，Raynor ら (1972) は，チモシーの花粉が拡散し沈着する過程を実験的に調べ，発生源からの距離と飛散数との関係を図示した．また，Raynor ら (1973) は，点源および線源からの花粉の拡散状況を面的に測定し，花粉濃度や沈着速度と発生源からの距離の関係を明らかにした．Price and Moore (1984) は，台地の周囲から谷風が吹き上げるような地形では，風が収束する台地中央部で多数の花粉が降下する現象があることを明らかにした．一方，中長距離の花粉の輸送や拡散を扱った研

究として，Markgraf（1980）はスイスの山岳地帯で，複数の標高において花粉捕集数を測定し，鉛直方向の花粉の拡散について調べた．その結果，標高の高い所における花粉の拡散は一般風によって説明されること，標高の低い所における測定結果は，より局所的な植生の影響を受けることなど，高山地帯における花粉の拡散特性を明らかにした．また，Mandrioli ら（1980）は北イタリアのポー河流域地帯において，ハシバミ花粉の大気輸送について調べ，大気中の花粉濃度の分布が気象条件によって強く影響されること，一度落下した花粉が再飛散する効果で，花粉が大気中に存在する期間が花粉の放出期間よりも長くなることなどを示した．Hall（1990）は，アメリカ中部の山岳地帯から平原地帯にわたる 320 Km を横断する 37 個所で花粉捕集数の観測を行い，捕集された花粉の 20 ～ 60 ％は中長距離の輸送を経たものであることを示した．Scott and Bakker（1985）は亜南極の島において，様々な表層土中に含まれる外来花粉を調べた結果，これらの花粉が遠く離れたアフリカ南端や，さらに遠い南アメリカから，卓越する西風によって輸送されたものであることを明らかにした．スギ花粉の拡散について考察した研究として，小笠原ら（1991）は，兵庫県内においてスギ・ヒノキ科の空中花粉調査を行い，神戸の気象データや六甲山のスギ開花状況等との関係を解析した．菅谷ら（1995）は，埼玉県におけるスギ・ヒノキ科花粉の飛散状況を調査し，飛散量日別値と風向との関係等を明らかにした．このほか国内各地においてスギ花粉飛散数と近傍の気象観測値との関係が調査されているが，点的データ同士の解析であるため，飛散状況をより全体的に捉える面的な解析は困難となっている．

　以上のように，花粉の輸送や拡散について調べた研究はかなりあるが，花粉の輸送や拡散をシミュレーション手法を用いて面的に調べた研究はほとんどない．そこで，各種気象データやスギ森林分布データ等を用いて，花粉の輸送や拡散現象をシミュレートする方法を検討した．

3.4.1　スギ花粉の発生と拡散過程のモデル化

　わが国には，世界的にも他に類を見ない空間的に密な気象観測システムであるアメダス（地域気象観測網）が展開されている．また，国内の植生については詳細な調査が行われており，植生分布図としてまとめられている．さらに，近年花粉症が社会問題化したことに対応して，いくつかの地方自治体によって，

組織的な花粉捕集数の観測が始まり，データが蓄積しつつある．そこで，これらの情報を積極的に利用し，有機的に統合化することにより，従来よりも詳細な，スギ花粉飛散量分布の推定を行う手法について検討した（図 3.4）（川島，1991；Kawashima and Takahashi, 1991, 1995）.

本来，大気中での花粉拡散は 3 次元的に計算しなければならない．しかしながら，花粉の上空での拡散動態がまだほとんどわかっていない．また，数少ない観測例の 1 つとして，川崎市衛生局がヘリコプターを用いて調査した高度別のスギ花粉濃度値において，地上 300 m で半数以上の花粉が観測された事から，スギ花粉の多くは大気境界層下部の気流によって輸送されると考えられる．そこで，近似的ではあるが，アメダスの観測で得られた風速場で，どこまでスギ花粉の拡散が再現できるか試みた．その際，花粉発生時の気象条件を評価するためにも，アメダスで得られたデータを用いた．計算対象領域は，関東地方 1 都 6 県とその周辺各県の一部を含む，南北約 220 km，東西約 230 km の範囲とした．毎時の気象 4 要素（気温，風向・風速，日照時間，降水量）を観測しているアメダス観測点は，対象地域内に 87 地点ある．アメダスデータの処理手法については，川島（1990a, 1990b）に基づいた．環境庁（当時）が作成

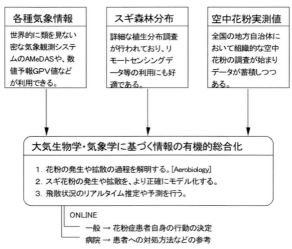

図 3.4　スギ花粉拡散過程に関する研究の全体的枠組み
スギ林の植生分布や各種気象情報等を用いて，より合理的に詳細なスギ花粉飛散量分布の推定や予測ができないかと考えた．

3.4 移流・拡散過程および総合的解析

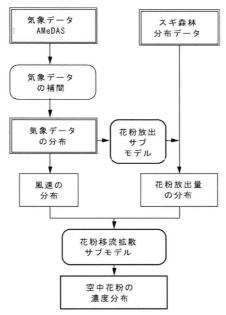

図 3.5 スギ花粉発生・拡散モデルの全体的構成
毎時気象データと，スギ森林の分布データをモデルに入力する．各気象要素の分布は，スギ花粉発生モデルおよび移流・拡散モデルへ入力する．(Kawashima and Takahashi, 1995)

した3種類の植生図（1975, 1980, 1986）をもとに，スギ森林分布の数値マップを作成した．

　スギ花粉発生・拡散モデルの全体的構成を図3.5に示す．スギ花粉発生モデルは，開花したスギ森林における気象条件とスギ花粉発生量の関係を定式化したものである．モデルからの出力は，一様なスギ森林からの単位時間あたり，単位面積あたりの花粉発生可能量である．各メッシュごとに花粉発生可能量とスギ森林面積率を掛け合わせて，スギ花粉発生量を求めた．アメダスデータをモデル格子点に補間して得た地上風分布と，式（4）に基づきアメダスデータから推算した各格子点上のスギ花粉発生量とを，移流・拡散モデル（1）へ入力した．移流・拡散モデルでは，過去に発生した花粉の移流・拡散後の分布と，対象とする時刻に発生した花粉の分布を重ね合わせることにより，対象時刻におけるスギ花粉飛散量分布を計算した．輸送中の花粉量の沈着に伴う減少効果は，平均の乾性沈着率および降水に伴う湿性沈着率によって与えた．

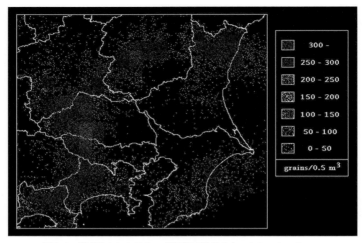

図 3.6 関東地方におけるスギ花粉飛散量分布のシミュレーション
点の多い所ほど，花粉濃度が高く計算された地域．

図 3.6 に，シミュレーション結果として得られる毎時の花粉飛散量分布の一例を示す．点の多い所ほど，花粉濃度が高く計算された地域である．もともとスギ森林の多い関東地方の西部や北部では，花粉濃度が高く計算されている．スギ森林地域から放出された花粉が風によって運ばれるために，風向きによっては，スギの森林などのない東京でも，花粉濃度が高くなる状況が再現されている．さらに，太平洋や相模湾上に花粉が飛散してゆく状況もシミュレートされている．図 3.7 に，花粉数経時変化の実測値と計算値を示す．図の横軸は日付，縦軸は花粉数である．スギが花粉を多量に発生させる 3 月初めから 4 月中旬までの最も問題となる期間においては，実測した飛散数の経時変化と，計算した飛散量の経時変化は，全体的にみて，かなりよく一致している．また，発生源からの距離による飛散数の違いも再現している．計算値のピークが表れている日に，実測値が台地状になっている日があるのは，ダーラム式の測定（スライドグラスの交換）が休日に行われなかったためである．花粉が飛び始める時期と終了する時期で計算値が過大評価となっているのは，開花日の場所による違いをこのモデルでは，まだ組み込んでいないためである．

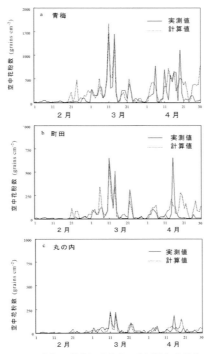

図 3.7 スギ花粉飛散数経時変化の実測値と計算値.
(a) 花粉の発生源に近い地点（青梅）
(b) 花粉の発生源からすこし離れた地点（町田）
(c) 花粉の発生源からかなり離れた地点（東京）
(Kawashima and Takahashi, 1995)

3.4.2 開花日を考慮したスギ花粉拡散シミュレーション

　開花日の場所による違いをモデルに組み込んでいないと，花粉の飛散開始時期および終了時期において計算値が実測値を上回る問題が生じる．そこで，スギ花粉発生・拡散モデルを山形県を中心とする東北地方南部に適用するとともに，標高や局地気象の違いによる開花日の地域間差を組み込み，スギ開花日マップデータの有効性について検討した（川島・高橋，1991, Kawashima and Takahashi, 1999）．

　まず，開花日の地域間差に関する情報がない場合を考え，2月20日以降は地域内で一様に開花しているものとしてシミュレーションを行った．図3.8(a)にスギ花粉飛散量の経時変化の実測値と計算値を示す．山形市IIは山形市中

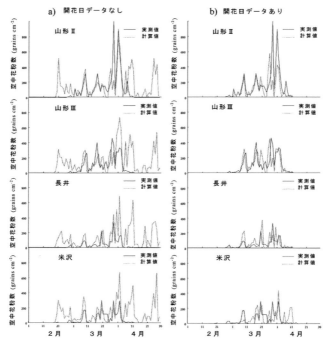

図3.8 開花日データの有効性の検証．スギ花粉飛散数経時変化の実測値と計算値．
(a) 開花日データを用いないシミュレーション結果
(b) 開花日データを用いたシミュレーション結果
(Kawashima and Takahashi, 1999)

心部にあり，周囲は都市化されている．山形市IIIは，周囲は畑や水田，住宅などが散在している．長井市は，山形県南部の南北に長い盆地内に位置する．どの地点でも，実測値にはないピークが，飛散開始期と飛散終了期に計算されている．

次に，開花日のマップデータを用いてシミュレーションを行った．対象地域は地形の変化に富んでいるため，開花日の地域差が大きく表れる．シミュレーションにおける開花期間は，平ら (1991) の報告と筆者らの開花調査に基づいて10日間とした．計算結果を図3.8 (b) に示す．いずれの地点でも，シミュレーションは，飛散開始期と終了期における花粉飛散量の増加と減少を再現しており，飛散期間全体として飛散量の変動パターンを再現している．開花日データを用いることによって，スギ花粉発生・拡散シミュレーションモデルは，1つのシーズン中におけるスギ花粉飛散量の変動を，より正しくシミュレートで

きるように改善された．しかしながら，山形市IIで3月末に現れた最大のピークがうまく計算されていない．この理由として，一度地上に落下した花粉の再飛散をモデルが考慮していないことなどが考えられる．

3.4.3 地域気象モデルを用いたスギ花粉拡散シミュレーション

花粉の広域的な拡散過程をより時間的・空間的に精度高くシミュレートする試みとして，地域気象モデルを利用した研究が行われた（神田ら，2002）．スギ花粉の飛散プロセスを物理的に考慮した移流・拡散モデルを，既存の3次元地域気象モデルに取り込むことにより，花粉飛散量の時間変化等がどの程度再現可能かを数値計算により検討した．気象モデルはPielkeら（1992）により開発されたRegional Atmospheric Modeling System（RAMS 4.3.0）を用いた．このモデルは，環八雲のシミュレーション（神田ら，2000）や黄砂の長距離輸送のシミュレーション（Uno et al., 2001）にも応用されている．モデルの初期値及び境界条件として，総観場を表す気象格子点データを4次元的にモデルに同化していった．具体的には，欧州中期予報センター（ECMWF：European Centre for Medium-range Weather Forecasts）の客観解析データ（水平解像度：0.5度；鉛直21層）を初期場として与え，引き続き6時間毎にモデルに取り込んでいった．総観場の影響を局所場に反映させるために，多重ネスティング手法によって解像度の異なる3つの計算領域を設定して，相互に計算結果を反映させながら（two way nesting）計算を行った．

図3.9に計算結果例として，上山市（山形県）の花粉観測点における花粉濃度の実測値と計算値の時系列変化を示す．1995年4月22日夜間から23日早朝にかけて急激な花粉濃度の上昇が見られる点が大きな特徴である．計算値は，23日早朝の花粉濃度の急増傾向を含め，4日間の花粉変動パターンを概ね良好に再現している．細かく見ても，花粉濃度のピークの位相・個数濃度ともかなり良好に再現されている．ただし，盆地内ではわずかな観測点の高度・位置の違いで花粉濃度の計測値が大きく異なることもあるので，計算値が実測値と多少食い違うことはやむを得ない．シミュレーションで再現できた高濃度現象は，上空高度1km程度まで風速の弱い層が存在し，山形盆地全体が卓越風向を持たない淀み域となったためであると考えられる．このように，局地的な花粉濃度は発生源強度と同時に移流・拡散過程に強く支配されていることが明らかに

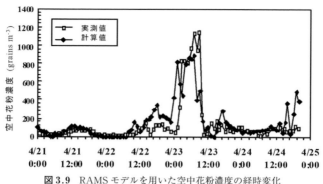

図 3.9 RAMS モデルを用いた空中花粉濃度の経時変化
上山における実測時別濃度値と計算時別濃度値の比較（神田ら，2002）

なった．

3.5 応用研究課題

シミュレーションでは，花粉の面的分布や飛散経路を調べるだけでなく，花粉飛散量分布の予測や現実には行えない仮説的な実験なども行うことができる．

3.5.1 空中スギ花粉シミュレーション法を用いた花粉情報

空中花粉の飛散開始時期，シーズンの総飛散量および日々の花粉飛散状況を適時住民に知らせ，花粉症患者の発症を最小限にくい止める目的で，スギ花粉情報の作成手法と問題点について検討した（高橋ら，1996a）．この方法は1995年のシーズンに，実際の花粉情報として応用することができた．リアルタイムで得られた推定結果を評価するため，後日収集された実測値との関係を解析し，さらに，実際の情報提供に際して生じた種々の問題点についても考察した．スギ花粉情報として，コンピュータグラフィックスを用いて作成した，スギ森林の開花状況推定分布と空中スギ花粉飛散状況分布を，テレビ局を通じて提供した．シミュレーションに要する時間は，約1.5時間であった．テレビ局では午後6時の放送に使用するには，午後3時までにはデータが必要であったので，逆算すると計算結果の画像を得る作業は午後1時には開始しなければならなかった．そのため使用したデータはその日の午前中（12時）までのも

のに限られた．シミュレーション値を日別値にまとめ，日別実測値と比較した結果,実測で得られた多くのピークは計算値にも再現された.酒田市の最大ピークや県南部の米沢市，長井市での大きなピークは計算では小さく見積もられてしまったが，内陸部の村山市，寒河江市，山形市では実測値と計算値が比較的よく一致した．

3.5.2 花粉拡散モデルと GPV データによる翌日のスギ花粉飛散量予測

気象庁は,気象予報業務で得られる数値予報データの格子点値（GPV データ）を公開している．そこで，上記のシミュレーションモデルに，GPV データを与えることにより，翌日のスギ花粉飛散量の分布や変化を予測する手法を開発するとともに，その精度について検討した（川島ら，1996）．GPV データは, 1995 年 3 月 15 日～4 月 15 日の各日の夜 21 時を初期時刻として翌日の 21 時までの 24 時間分を数値予報した際の地上予報値を用いた．そこで，この GPV データを用いた花粉拡散シミュレーションは，夜間のうちに翌日の花粉飛散状況を予測することになる．予測結果を検証するために，山形県内の数地点で得られた空中花粉捕集数調査結果を用いた．

山形市においては，予報対象期間の全体について，予測値は実測値とほぼ一致した変化を示し，かなりの程度の予測が可能であることが示された．村山市においては,山形市よりもさらに予測値と実測値は一致した（図 3.10）．シミュレーションは，約 10 km × 10 km の範囲の平均的な花粉量を計算するアルゴリズムになっていることを考慮すると，村山市の捕集状況が捕集地点周辺の代表性の良いものになっていると考えられる．また，北西部の日本海に面した酒田での飛散量変化は特殊であるが，GPV による予測はこれも再現した．ただし，対象地域南部の長井市では，全体に予測値が実測値よりも低くなる傾向がみられた．

3.5.3 地球温暖化がスギ花粉飛散に及ぼす影響

近年，大気中の二酸化炭素やメタンなどの増加による地球温暖化が懸念されている．スギの雄花芽は夏季の気温が高いほど多く作られ，翌シーズンはスギ花粉の大飛散年になることが知られている．そこで，高橋ら（1996b）は，気温上昇がスギ花粉総飛散数に及ぼす影響を検討した．また，Inoue et

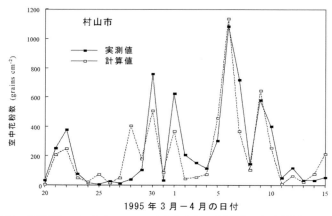

図 3.10 花粉拡散モデルと GPV データから求めた予測飛散数と実測飛散数の経時変化
予測値は実測値とほぼ一致した変化を示し，本手法により，かなり高精度の予測が可能であることがわかる．

al. (2002) は，降雪量の多少がスギ花粉の飛散開始日に与える影響を調べ，それに基づき，地球温暖化が進んでいった際に，スギ花粉の飛散開始日がどう影響を受けるかについて議論した．

3.5.4 シミュレーション手法を用いたスギ花粉発生源マップの作成

スギ花粉症の社会問題化に伴い，適切な森林管理が求められ，都市にアレルゲンを供給する主たる森林がどこであるかを明らかにする必要が生じてきた．そこで，すでに開発されたスギ花粉の拡散シミュレーション手法を用いて，対象都市に飛来するスギ花粉の発生源地図の作成を試みた（川島・高橋，1995）．その結果，都市に到達する花粉は，寄与率の小さなものまで含めると，かなり遠方の広域的な発生源に由来するものの，主たる発生源は，比較的近距離の山地斜面のスギ森林であることが推定された．

3.6 今後の研究指針

さらに検討すべき課題などを考慮しながら，今後の研究指針について簡単にまとめた．

3.6.1 発生源に関して

従来の方法では,雄花芽形成量の年次的な変動は考慮しているが,地域による形成量の多少は組み入れていない.しかしながら,現実には森林の樹齢構成などにより雄花芽形成量が異なることが明らかになっている(金指ら,1990).今後,このような地域的特性を,より正確にモデルに取り込む必要がある.

3.6.2 発生(放出)過程に関して

開花日や開花期間の場所による違いをより精度良くモデルに組み込む必要がある.この精度が低いと,花粉の飛散開始時期および終了時期において計算値と実測値が大きく異なることになる.また,より良いスギ花粉発生モデルを構築し,より正しくパラメータを評価するためには,一様なスギ森林地帯において,バーカード式などによる空中飛散花粉濃度と,気温,風速などの気象要素を同時に観測し,解析することを継続的に実施する必要がある.

3.6.3 移流・拡散過程に関して

上空の花粉飛散量や鉛直方向の花粉濃度分布について,観測例は非常に少なく,ほとんど何も解っていない状況である.そこで,上空での花粉の飛散動態に関する基礎的情報を得たり,3次元モデルを用いる時のパラメータを得るために,3次元的に花粉濃度分布を観測する必要がある.さらに,3次元的な観測成果を活用して,スギ花粉拡散のシミュレーションモデルの改良を行う.その際,メソスケール気象場の数値計算モデルの利用方法やカスタマイズ方法が技術的なキーポイントとなる.

3.6.4 沈着過程に関して

沈着過程に関する研究が不十分であるとの指摘もある.例えば,都市域で観測されるピークが,シミュレーションで再現されていない点については,花粉の再飛散を考慮するなど,モデルの改良が必要である.

3.6.5 花粉予報システムに関して

本手法をリアルタイムで運用する際などのために,スギ花粉発生モデルのパラメータを事前に推定する必要がある.それには,雄花芽の形成量をできるだ

け正確に予測しなければならない．また，スギ花粉の発生と拡散を計算するシミュレーションモデルの空間分解能を1km程度にして，精度を向上させる必要がある．このためには，スギ森林分布データやスギ開花日マップを国土数値情報の3次メッシュ（約1km^2）単位で作成する必要がある．

今後は，モデルをさらに実際の現象に近づけ，計算精度を向上するため，上記の課題などをモデルに組み込む手法について検討するとともに，より多くの地域や年次のデータを解析して，モデルの構造やパラメータの改良を行い，本手法をさらに一般的なものとするための検討を積み重ねてゆく予定である．

3.7 おわりに

本章では，関連する既往の研究等を含めて，スギ花粉の放出と拡散過程に関する現在までの研究成果を，学会誌や国際誌等において発行された論文を中心に整理してまとめたものである．花粉アレルギーの問題は，世界各地で起きている国際的な問題であり，現代病として今後さらに大きな社会問題に発展するものと思われる．症状を軽減するための方策が医学，気象学，生態学，育種学など，様々な分野において相互に連関して研究され，問題が少しでも解決する方向に向かうことを切に希望する．本章では，紙面の制約などから，詳しい説明をできなかった箇所も多くあるが，それらについては引用文献をご参照いただきたい．また，空中花粉モニタリング手法の研究については，別の章で述べることとした．

引用文献

芦田恒雄，井手　武，田端司郎他，1989：生物季節，体感温度を指標としたスギ花粉飛散量の予測，日本花粉学会会誌，**35**，19-25．

Hall, S. A., 1990：Pollen deposition and vegetation in the southern Rocky Mountains and southwest Plains, USA, *Grana*, **29**, 47-61.

Inoue, S., S. Kawashima and Y. Takahashi, 2002：Estimating the beginning day of Japanese cedar pollen release under global climate change, *Global Change Biology*, **8**, 1165-1168.

金指達郎，横山敏孝，金川　倪，1990：スギ人工林における雄花生産量，日本花粉学会会誌，**36**，49-58．

神田学，井上裕史，鵜野伊津志，2000："環八雲"の数値シミュレーション，天気，**47**，83-96．

神田学，張翔雲，鵜野伊津志他，2002：地域気象モデルによる花粉飛散の数値シミュレーション，天気，**49**，267-277．

引 用 文 献

環境庁，1975：植生区分図（1/20万），自然環境保全調査報告書．
環境庁，1980：現存植生図（1/5万），第2回自然環境保全基礎調査（植生調査）．
環境庁，1986：現存植生図（1/5万），第3回自然環境保全基礎調査（植生調査）．
川島茂人，1990a：アメダスデータの処理と気象要素の動的表示法，農業環境技術研究所研究資料，8，37pp．
川島茂人，1990b：アメダスデータにもとづく毎時気温補間手法の比較検討，農林水産省別枠研究「情報処理」研究成果集，第1分冊，322-333．
川島茂人，1991：スギ花粉の発生と拡散過程のモデル化—スギ花粉の拡散過程に関する研究（I）—，日本花粉学会会誌，37，11-21．
川島茂人，高橋裕一，1991：開花日を考慮したスギ花粉拡散シミュレーション—スギ花粉の拡散過程に関する研究（III）—，日本花粉学会会誌，37，137-144．
Kawashima, S. and Y. Takahashi, 1991 : Modeling of outbreak and dispersion processes of airborne pollen of *Cryptomeria japonica*, *Abstracts of X IV International congress of Allergology and Clinical Immunology*, 237.
川島茂人，高橋裕一，1993：広域的なスギ開花日分布の推定手法—スギ花粉の拡散過程に関する研究（IV）—，日本花粉学会会誌，39，121-128．
Kawashima, S. and Y. Takahashi, 1995 : Modelling and simulation of mesoscale dispersion processes for airborne cedar pollen, *Grana*, 34, 142-150.
Kawashima, S. and Y. Takahashi, 1999 : An improved simulation of mesoscale dispersion of airborne cedar pollen using a flowering-time map, *Grana*, 38, 316-324.
川島茂人，高橋裕一，1995：シミュレーション手法を用いたスギ花粉発生源マップの作成，アレルギー，44，1006．
川島茂人，高橋裕一，大島照和，1996：花粉拡散モデルとGPVデータによるスギ花粉飛散量予測—スギ花粉の拡散過程に関する研究—，日本気象学会1996年春季大会講演予稿集，184．
川島茂人，高橋裕一，佐橋紀男，1998：気温変化パターンに基づくスギ花粉飛散開始日の簡易予測，アレルギー，47，649-657．
高坂知節，1987：スギ花粉症と気象条件—飛散の予報への可能性を探る—，日本医事新報，3275，121．
Mandrioli, P., M. G. Negrini, C. Scarani, et al., 1980 : Mesoscale transport of Corylus pollen grains in winter atmosphere, *Grana*, 19, 227-233.
Markgraf, V., 1980 : Pollen dispersal in a mountain area, *Grana*, 19, 127-146.
根本 修，1988：杉花粉と気象，天気，35，39-46．
小笠原寛，栗田落昌和，瀬尾 達他，1995：六甲山系におけるスギの標高別開花時期と中国・丹波山地の開花時期，日本花粉学会会誌，41，129-137．
小笠原寛，吉村史郎，中原 聰他，1991：兵庫県におけるスギ・ヒノキ科花粉飛散状況，日本花粉学会会誌，37，145-150．
小笠原寛，吉村史郎，後藤 操他，1998：スギ壮齢林面積増加による花粉飛散総数の増加，日本花粉学会会誌，44，97-105．
Pielke, R. A., W. R. Cotton, R. L. Walko, et al., 1992 : A comprehensive meteorological modelling system-RAMS, *Meteorol. Atmos. Phys.*, 49, 69-91.
Price, M. D. R. and P. D. Moore, 1984 : Pollen dispersion in the hills of Wales : A pollen shed hypothesis, *Pollen et Spores*, 26, 127-136.
Raynor, G. S., E. C. Ogden and J. V. Hayes, 1972 : Dispersion and deposition of timothy pollen from experimental sources, *Agricultural Meteorology*, 9, 347-366.
Raynor, G. S., E. C. Ogden and J. V. Hayes, 1973 : Dispersion of pollens from low-level, crosswind line sources, *Agricultural Meteorology*, 11, 177-195.
佐橋紀男，幾瀬マサ，斉藤洋三他，1983：本州中部における1983年のスギ花粉捕集調査成績，日本花

粉学会会誌, **29**, 19-28.

Sahashi, N., K. Murayama and T. Shiina, 1995 : Review of the pollen front of *Cryptomeria japonica* over Japan, *Jpn. J. Palynol.*, **41**, 119-127.

斉藤洋三, 宇佐神 篤, 1980：スギ花粉症と気象, 気象, **24**, 6-9.

Scott, L. and E. M. van Zinderen Bakker Sr., 1985 : Exotic pollen and long-distance wind dispersal at a sub-Antarctic Island, *Grana*, **24**, 45-54.

菅谷愛子, 津田 整, 大口広美他, 1995：埼玉県における 1994 年のスギ・ヒノキ科花粉飛散状況, 日本花粉学会会誌, **41**, 31-41.

平 英彰, 寺西秀豊, 劔田幸子他, 1991：スギ林の雄花着花状況と空中花粉飛散パターンとの関連性について—1990 年における富山県の例—, アレルギー, **40**, 1200-1209.

平 英彰, 寺西秀豊, 劔田幸子, 1992：スギの花粉飛散開始日の予測について, アレルギー, **41**, 86-92.

Takahashi, Y. and S. Kawashima, 1993 : Locality of flowering time of *Cryptomeria japonica* and the method to estimate the time, *Abstracts of XV International Botanical Congress*, 246.

高橋裕一, 川島茂人, 1999a：人工衛星画像を利用したスギ林分布図の作成, 日本花粉学会会誌, **45**, 49-54.

高橋裕一, 川島茂人, 1999b：夏期気温の年次差を利用したスギ花粉総飛散数の新予測方法, アレルギー, **48**, 1217-1221.

高橋裕一, 川島茂人, 相川勝吾, 1996a：空中スギ花粉シミュレーション法を用いた花粉情報, アレルギー, **45**, 371-377.

高橋裕一, 川島茂人, 相川勝吾, 1996b：空中スギ花粉濃度に及ぼす地球温暖化の影響—山形市とその周辺地域で得られた予測結果—, アレルギー, **45**, 1270-1276.

高橋裕一, 川島茂人, 大江栄悦他, 1991：スギ花粉の発生と拡散過程のモデル化—メッシュ化手法を用いたスギ開花日の予測 (II)—, 日本花粉学会会誌, **37**, 35-40.

高橋裕一, 小野正助, 小野 静他, 1993：スギ開花の時期と標高, メッシュ気温との関係, 日本花粉学会会誌, **39**, 113-120.

高橋裕一, 東海林喜助, 片桐 進他, 1989a：山形盆地におけるスギ花粉飛散の日内変動とそれに及ぼす温暖・寒冷前線の影響, アレルギー, **38**, 407-412.

Takahashi, Y., K. Tokumaru and S. Kawashima, 1992 : Distribution Chart of *Cryptomeria japonica* Forest through Data Analysis of Landsat-TM, *Jpn. J. Palynol.*, **38**, 140-147.

高橋裕一, 山口勝也, 安部悦子他, 1989b：雄花形成量を用いた来シーズンのスギ花粉飛散総数の予測方式の試み, 免疫アレルギー, **7**, 98-99.

Uno, I., H. Amano, S. Emori, et al., 2001 : Trans-Pacific yellow sand transport observed in April 1998: A numerical simulation, *J. Geophys. Res.*, **106**, D16, 18331-18344.

王 主栄, 古内一郎他, 1984：気象と花粉症, アレルギーの臨床, **39**, 33-36.

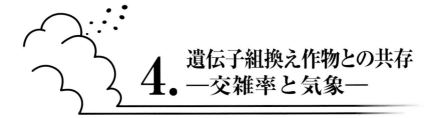

4. 遺伝子組換え作物との共存
—交雑率と気象—

4.1 はじめに

　近年，食の安全性が社会的に重要視されるようになり，これと深く関わる遺伝子組換え技術を用いて作られた作物の安全性や環境への影響が問題視されている．遺伝子組換え体植物が環境に与える影響の1つとして，花粉の飛散によって起こる交雑が引き起こす遺伝子流動の問題がある．これは，人為的に組換えられた遺伝子が，非組換え体植物の中に入り込み，自然界の中に広がっていってしまうという問題である．とりわけ風媒花であるトウモロコシやイネの場合には，気象条件次第でかなり広範囲に遺伝子組換え体の花粉が拡散し，周辺に生育している非組換え体の同種作物に交雑を発生させる可能性がある．

　これまで，花粉による遺伝子のフロー（gene flow）を明らかにしようとする研究がいろいろと行われてきた（Kaufmanら，1998；Vezvaei and Jackson, 1997；Viardら，2001；Sorkら，1999；Kwonら，2001；Lavigneら，2002；Richardsら，1999）．特に，気象条件や，ドナー群落からの距離について調べた研究として，Wangら（1997）は，きび作物について圃場実験で花粉放出源からの距離と交雑率の関係を調べ，風速と風向は交雑率の大きさに大きく影響するが，距離に伴う交雑率の減衰率は変化しないことを示した．Rognliら（2000）は，牧草について酵素をトレーサーとして遺伝子のフローを調べた．その結果，ドナー群落から75mまでは距離とともに遺伝子フローは急速に減衰するが，より遠方では距離による減衰は非常にゆるやかになることを明らかにした．Louetteら（1997）は，メキシコにおける伝統的な農業体系の中で，トウモロコシ間の遺伝子フローがどのように起きているかを，交雑群落間の距離を指標に，長期的な観点から明らかにした．その後，遺伝子工学の進歩に伴い，マイクロサテライト等の分子マーカーを利用した遺伝子フローや交雑関連の

研究が多く行われている（例えば，Heuertz ら，2003；Austerlitz ら，2004）．以上のように，交雑については多くの研究が行われているが，気象などの環境条件と交雑率の関係を調査解析した研究は少ない．

川島ら（2002）は，比較的短い距離での遺伝子フローを明らかにするために，トウモロコシ種子のもつキセニア現象（Bulant and Gallais, 1998）を利用して，風で運ばれる花粉によって発生する2種類のトウモロコシ間の交雑率を実験的に調べ，花粉放出源となるトウモロコシ群落からの距離によって，交雑率がどのように変化するかを，気象条件との関係に留意しながら明らかにした．その結果，交雑率はドナー群落（花粉源群落）からの距離に従って指数関数的に減少すること，距離に伴う交雑率の減少率は一定ではなく，ドナー群落に近い場所では大きく，ドナー群落から遠い場所では小さいこと等が明らかになった．

われわれは，川島ら(2002)の結果を，より一般化するため，2001年から5年間，川島ら（2002）と同様な実験計画のもと，面的に交雑状況を得る詳細な交雑実験を行い，気象観測値や交雑率を取得した．実験を行った5年間の中で，かなり大きな交雑率の変動が見られた．本章では，これらの観測値に基づき，花粉飛散数や気象条件の違い，および交雑率の違い等を比較検討するとともに，交雑率の年次変動が，生物・気象条件によって，どの程度説明できるかについて説明した．

4.2 野外での交雑実験

4.2.1 実験の概要

実験は，つくば市観音台にある独立行政法人農業環境技術研究所の A-1 圃場において，2001年から2005年までの5年間トウモロコシを栽培して行った．ドナー圃場は東西約 25 m，南北 18 m，レシピエント群落は東西約 25 m，南北約 55 m とした．レシピエント圃場の南北距離は，年次によって若干変化した．つくばにおける実験期間の卓越風向は南風であるため，ドナー群落をレシピエント群落の南側に配置した．実験植物として，花粉源（ドナー）には，黄色の粒を産するハニーバンタム（サカタのタネ）を用い，花粉の受粉側（レシピエント）には，白色の粒を産するシルバーハニーバンタム（サカタのタネ）を用いた．畝間は 70 cm，株間は 30 cm として，2粒ずつ蒔き，後日間引きを行った．

施肥や除草などの栽培管理は，標準的な方法で行った．

4.2.2 花粉観測について

各年次とも，ドナー群落内に2個所以上，レシピエント群落内に4個所以上に，ダーラム（Durham）型花粉捕集器（西精機製）を設置した．花粉捕集器は畝間の中央に設置した．スライドグラスの交換は，毎朝午前10時頃に行った．回収したスライドグラス上の花粉は，カルベラ（Carberla）液で染色し，18 mm×18 mmのカバーグラスで覆った後，カバーグラス下のすべての花粉数を数えた．トウモロコシの花粉の平均粒径は約100ミクロンと大きいため，顕微鏡の倍率は低めの100倍が適していた．計数値は1 cm^{2}当たりの値に換算し解析した．

4.2.3 気象観測について

ドナー群落とレシピエント群落の境界に近い地点に総合気象観測システムを設置し，気象要素の観測を行った．観測用のポールを用いて，気温・湿度（地上1.5 m），風速（地上2 m），風向（地上2 m），降水量（地上1.5 m）を測定した．気温・湿度センサには，バイサラ社の温湿度計を使用し，これを放射シールドの内部に設置した．風速・風向センサには，ヤング社の3杯風速計と矢羽風向計を使用した．降水量センサには，キャンベル社の転倒升雨量計を使用した．測定と記録には，キャンベル社（Campbell Scientific CO.）のデータロガー CR10X を用いた．ロガーのコントロールには，専用のソフトウェア（LoggerNet）を使用した．測定時間間隔は1秒，平均化時間および記録時間間隔は1時間とした．気象観測結果は，日別値としてExcelの表に整理し，解析した．

4.2.4 交雑率の測り方

交雑の判定には，種子粒の黄色形質が完全優性として発現するキセニア現象を利用した（Bulant and Gallais, 1998）．交雑率は，黄色粒のハニーバンタムの花粉がシルバーハニーバンタムの雌穂に受粉することによって，その白色粒中に生じる黄色粒の数から推定した．交雑による粒色の判別が可能な9月上旬に，受粉側であるシルバーハニーバンタムの圃場内に格子状の測定点を設けて，

その雌穂をサンプリングした．10〜11本の畝を等間隔に選び，各畝について
ドナーとレシピエントの境界からの距離をもとに，畝ごとに約30地点で調査
する個体を選んだ．ドナーに近い場所では，交雑率の変化が大きいので，距離
12mまではサンプリング密度を高くして0.9m間隔とした．ドナーからの距
離が12mより遠い所では，サンプリング間隔を3mとした．

各個体では，最も上方に位置する成熟した雌穂を採取した．採取位置の個体
が欠けている場合や，害虫による欠損が大きい場合は，隣接する左右の個体か
ら雌穂を採取した．採取した雌穂は，包皮を剥いだ後，粒列数，一列粒数，お
よび穂中の黄色粒数を数えた．1雌穂中の全粒数を，粒列数と一列粒数の積か
ら求めた．交雑率は，黄色粒数を全粒数で割って求めた．

4.3 野外実験からわかったこと

2001年から2005年における花粉飛散数，気象条件，交雑率を調査解析した
結果，以下のことが明らかになった．

4.3.1 花粉飛散数の年次間差

表4.1の第1行に，ドナー群落内で測定した花粉飛散数のシーズン積算値，
すなわち花粉総飛散数について，5年間の比較を示す．この表から，2001年の
花粉総飛散数は，他の4年の花粉総飛散数に比べて，非常に少なかったことが
わかる．2002年と2003年は，2001年に比べて約2倍の花粉総飛散数がドナー
群落で観測された．さらに，2004年と2005年は，2002年や2003年の約2倍

表4.1 ドナー群落内の花粉飛散数の積算値，開花期間中の気象要素の平均値と標準偏差，レシピエント群落内の平均交雑率（川島ら，2007）

	2001	2002	2003	2004	2005
花粉総飛散数 (grains cm^{-2})	667	1396	1787	3395	3719
気温（℃）	24.6±1.9	27.0±2.3	24.3±3.3	26.8±0.7	27.3±1.2
相対湿度（%）	84±5	80±6	88±6	82±7	83±5
風速（m s^{-1}）	0.9±0.2	1.3±0.5	1.0±0.6	1.2±0.3	1.0±0.2
風向（degree）	142±36	134±46	146±33	146±35	137±33
降水量（mm）	4±1	45±8	220±23	96±16	48±12
交雑率（%）	0.7	1.5	2.6	3.9	4.5

4.3 野外実験からわかったこと　　51

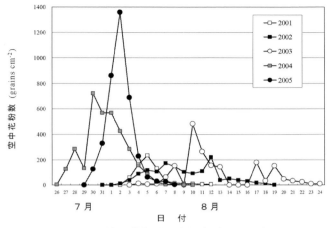

図 4.1 花粉飛散数の経日変化（川島ら，2007）

の花粉総飛散数が観測された．図 4.1 に，花粉飛散数の経日変化を 5 年間について示した．この図から，2001 年，2004 年，2005 年は，1 つのピークを中心とした 1 週間から 10 日間の比較的短期間に，花粉の飛散が集中するパターンとなっているのに対して，2002 年と 2003 年は，20 日間近くの比較的長期間にわたって，花粉の飛散が継続したパターンとなっていることがわかる．また，ピークとなった日の花粉飛散数は，2001 年と 2002 年は少なく，同じレベルであったのに対して，2005 年はこれらの年の約 6 倍の大きな値を観測した．

4.3.2　気象要素の年次間差

　表 4.1 の第 2 行に，開花期間を対象とした日平均気温の平均値と標準偏差を，5 年間について示す．この表から，開花期間の平均気温は，2001 年と 2003 年が相対的に低く，2002 年，2004 年，2005 年が相対的に高いことがわかる．また，気温変動の大きさを表す標準偏差は，最初の 3 か年で大きく，2004 年と 2005 年で小さかった．特に，2003 年は開花期間中の気温変動が大きい年であったことがわかる．

　第 3 行に，開花期間を対象とした日平均相対湿度の平均値と標準偏差を，5 年間について示す．この表から，開花期間の平均相対湿度は，2002 年に最も低く，2003 年に最も高いことがわかる．また，相対湿度変動の大きさを表す標準偏差は，年次間に顕著な差はみられなかった．

第4行に，開花期間を対象とした日平均風速の平均値と標準偏差を，5年間について示す．この表から，開花期間の平均風速は，2001年にやや弱く，2002年にやや強かったものの，いずれの年次においても平均約1 m/s前後で，大きな年次間差はみられなかった．また，風速変動の大きさを表す標準偏差は，2001年が小さく，2002年と2003年が大きかった．

第5行に，開花期間を対象とした日平均風向の平均値と標準偏差を，5年間について示す．風向は風が吹いてくる方向を，北を0度として，時計回りに計測した角度である．この表から，開花期間の平均風向は，いずれの年も南東であり，大きな年次間差はないことがわかる．圃場の配置は，卓越風向が南よりとなることを想定して設計しており，実験した5年間は，この設計に適した風向になっていた．また，風向変動の大きさを表す標準偏差は，年次間で若干の違いはあるものの，大きな年次間差はみられず，±45度の範囲に収まっている．

第6行に，開花期間を対象とした日降水量の積算値を，5年間について示す．この表から，開花期間の積算降水量の年次間差は大きいこと，2001年にはほとんど降水がなかったのに対して，2003年には200 mm以上の降水があったこと，他の3か年も50 mmから100 mm程度の降水があったことなどがわかる．降水量と花粉飛散数について，両者の経日変化を比較した結果，降水がみられた日の花粉飛散数は，いずれの年次でも非常に少なくなっていることがわかった．

4.3.3 交雑率の年次間差
a．ドナー群落からの距離に伴う交雑率の変化

図4.2に，ドナー群落からの距離に伴う交雑率の変化を，5年間について示す．年次ごとに記号の形を変えて，交雑率の実測値をプロットした．2001年が特に低い交雑率となった．ドナー群落から10 m以下の距離でも，1%以下の交雑率に減少した．レシピエント群落末端部の距離40〜50 mでは，交雑率は0.01〜0.1%のレベルに低下した．2002年と2003年は，調査した5年間では中間程度の交雑率となった．ドナー群落から15〜20 mの距離以遠で，1%以下の交雑率に減少した．レシピエント群落末端部の距離50 m付近では，交雑率は0.1%のレベルに低下した．2004年と2005年は，調査した5年間では高い交雑率となった．ドナー群落から約25 mの距離以遠で，1%以下の交雑

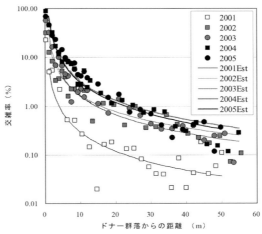

図 4.2 ドナー群落からの距離に伴う交雑率の変化
(川島ら, 2007)

率に減少した.レシピエント群落末端部の距離 50 m 付近でも,交雑率は 0.1%
以上のレベルとなった.中程度の交雑率が得られた 2002 年,2003 年のグルー
プと,高い交雑率が得られた 2004 年,2005 年のグループについて,両グルー
プ間の差異は,距離 20 m までは明瞭であるが,距離 30 m 以遠では不明瞭となっ
た.以上より,ドナー群落からの距離に伴う交雑率の変化について,その減衰
率は年次によって変化するが,そのパターンは年次によってあまり変化しない
ことがわかった.また,年次による違いは,ドナー群落からの距離が 30 m 位
までが明瞭であった.

図 4.2 に示した交雑率の実測値とドナー群落からの距離にもとづいて,レシ
ピエント群落内の交雑率を距離について積算し,レシピエント群落全体の平均
交雑率を求めた.その結果を表 4.1 の第 7 行に示す.この表から,レシピエン
ト群落の空間的平均交雑率は,2001 年から 2005 年にかけて,ほぼ直線的に増
加したことがわかる.

b. レシピエント群落内での交雑率の空間分布

図 4.3 に,レシピエント群落内における交雑率の空間的分布を示す.この図
から,すべての年で,交雑は空間的に不均一に起こり,交雑率の高い領域が孤
立した島のように分布していることがわかる.2001 年から 2003 年では,風向

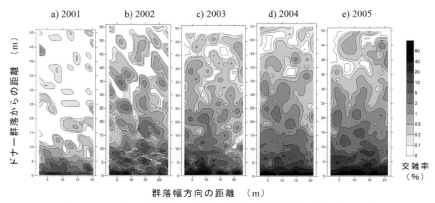

図 4.3 レシピエント群落内における交雑率の空間的分布(川島ら,2007)

が真南よりも南東にシフトしていた影響が,交雑率の空間分布に表れている.2001年でのドナー群落に近い場所の交雑率は,ドナー群落からの距離に伴って10m位まで規則的に減少している.交雑率が0.1%以上の領域が,ドナー群落からの距離15m以遠で,まばらに現れている.これに対して2002年と2003年の交雑率は,平均的にはドナー群落からの距離に伴って減少しているものの,交雑率の高い領域が,ドナー群落近傍から遠方に至るまで全域に見られる.0.1%以下の白い領域が2001年に比べて少なくなっており,交雑率が0.1%以上の領域は,2001年に比べて連続した分布となっている.また,2002年は,ドナー群落に近い場所の交雑率が,他の年次に比べて空間的に不均一な分布となっている.2004年と2005年は,それまでの3年間に比べて,ドナー群落近傍での交雑率はさらに高くなり,そこでの空間分布は,他の年次に比べて均一となった.

4.4 交雑率を決める要因は何か?

ある年の交雑率の高低が,その年の生物・気象条件と,どのような関係があるのかについて調べた.交雑率については,レシピエント群落内の平均交雑率と,ドナー群落からの距離に伴う交雑率変化パターンを調べた.

4.4.1 平均交雑率の年次変動

　花粉飛散条件としては，花粉の放出過程に関わる変量と，花粉の拡散過程に関わる変量を考えた．花粉の放出過程に関わる変量として，交雑の原因花粉の放出源であるドナー群落の花粉放出強度を代表する「ドナー群落における花粉飛散数のシーズン積算値」と，「気温，相対湿度などの気象データ」を検討した．一方，花粉の拡散過程に関わる変量として，「風向，風速，降水量などの気象データ」を検討した．各変量は年次毎に，開花期間の積算値や平均値として整理した．開花期間は，ドナーもしくはレシピエント群落で花粉飛散が観測された期間とした．また，花粉飛散数に複数の測定値がある場合は，それらの平均値を用いた．

　平均交雑率を目的変数とし，花粉飛散条件の変量を説明変数として，回帰分析を行った．得られた寄与率 R^2 を表 4.2 に示す．回帰分析における寄与率とは，目的変数の変動に対して各説明変数が寄与している割合である．目的変数の全変動の中で，ある説明変数が説明できる変動の割合と言うこともできる．気象条件では，気温がやや高い寄与率 0.33 を示したが，他の変量では低い寄与率となった．一方，交雑の原因花粉の放出源強度を表すと考えられるドナー群落での花粉総飛散数が，平均交雑率に対して高い寄与率を示した．平均交雑率の年次変動に対して，気象条件の寄与率が低くなり，花粉総飛散数の寄与率が高くなった理由は，

① 気象条件は，より時間的空間的に短期間の現象に関係するため，平均交雑率のような長期間平均値に対しては相関が低くなるのに対して，

② 花粉総飛散数と交雑率は，ともに長時間スケールの変量であり，交雑率平均

表 4.2　各年の平均交雑率を目的変数とした回帰分析における気象要因及び花粉総飛散数の寄与率 R^2（川島ら，2007）

説明変数	R^2
気温	0.33
相対湿度	0.00
風速	0.03
風向	0.02
降水量	0.07
花粉総飛散数（ドナー）	0.97

値の大小は，基本的にドナー花粉の量に左右されることから，両者間の関係が密接に表れたと考えられる．

花粉総飛散数は，その年の花粉生産量と開花期間の気象条件に関係すると考えられる．しかしながら，表4.1に示すように，開花期間の気象条件と花粉総飛散数の間には，密接な関係がみられない．そこで，花粉総飛散数には，花粉生産量の影響が大きいと考えられる．一年生植物の花粉生産量は，発芽から開花に至る期間の気象，水分，栄養などの条件が影響するが，トウモロコシの場合は，特に雄穂分化期から減数分裂期の気温と日射量が関係していると考えられる．この時期を中心とする気象条件の変動が，花粉生産量の変動を介して，花粉総飛散数の大きな年次変動になって表れていると考えられる．

4.4.2　距離による交雑率変化パターンの年次変動

各年次の平均交雑率は重要な数値であるが，同時に，レシピエント群落内での交雑率の変化パターンも重要な問題である．そこで，ドナー群落からの距離に伴う交雑率の変化パターン（図4.2）に着目し，その年次変動に及ぼす生物要因と気象要因の影響を解析した．

まず，各年次の交雑率変化パターンの特徴を抽出するために，近似関数のあてはめを行った．関数形は，距離と交雑率の関係で最もよく用いられている「べき乗関数 $y = ax^b$」を用いた．この関数は，パラメータの数が少ないにもかかわらず，ドナー群落からの距離に伴う交雑率の変化をよく表すことができる．あてはめで得られたパラメータを表4.3に示す．べき乗関数は，単純な数式でパラメータの数が少ないことが利点であるが，同時に2つのパラメータのそれぞれに，具体的な意味を考慮しやすいという特徴もある．すなわち，パラメータ a は，パターン全体の大小を決めるものであるため，各年次の花粉総飛散数に関係していると推定される．また，パラメータ b は，距離に伴う交雑率の減衰率に関係するため，拡散条件，すなわち風向や風速などに関係していると推定される．そこで，これらの推定に基づいて関係する諸量間の解析を実施した．

まず，各年次におけるドナー群落内の花粉総飛散数とパラメータ a の関係を図4.4に示す．両者の関係は非常に密接で，寄与率が0.99近い値となった．この図から，交雑率の変化パターンを表す近似式のパラメータ a は，各年次のドナー花粉飛散数の多少に密接に関係していることがわかる．すなわち，ある

表 4.3 ドナー群落からの距離に伴う交雑率の
変化パターンにべき関数をあてはめて
得られたパラメータ（川島ら，2007）

年	a	b
2001	6.3	-1.312
2002	17.2	-1.090
2003	32.8	-1.237
2004	64.7	-1.345
2005	67.5	-1.325

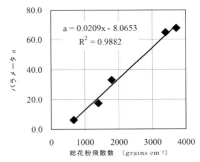

図 4.4 各年次におけるドナー群落内の花粉総飛散数とパラメータ a の関係
（川島ら，2007）

年どれくらい多くの花粉が飛ぶかということが，距離と交雑率の関係を決定する要因の1つとなることが示された．

次に，風向と風速が，花粉の飛散を介して交雑率に与える影響について考える．風向を解析に用いるために，下記の式によって風向を風向偏差量に変換した．

$$WV = 1 - \frac{|180 - WD|}{90} \tag{1}$$

ここで，WV は風向偏差量，WD は風向（degree）であり，$WV<0$ となる時は，$WV=0$ とする．風向偏差量 WV は，風がドナーからレシピエントに向かってまっすぐに吹く時は1となり，直角に吹く時はゼロとなる．風向が両者の間の時は，0と1の間の値をとる．風向が直角以上にずれる時，WV はゼロとする．風向偏差量 WV は，ドナーからレシピエントに向かう方向に対する，風向の適合度を示す．また，この式は，ドナーがレシピエントの南に位置することを

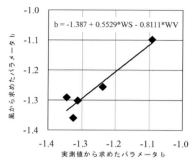

図 4.5 パラメータ b の実測値と気象データから求めた回帰推定値の関係
(川島ら，2007)

もとに作っているが，一般的には，位置関係に合わせて上記の式で 180 となっている数値を変えればよい．

　風速 WS と風向偏差量 WV を説明変数，減衰率パラメータ b を目的変数として，重回帰分析を行った．その結果，重相関係数は 0.94 と大きく，自由度補正済み寄与率は 0.78 と高い値を示した．パラメータ b の実測値と回帰推定値の関係を，得られた重回帰式とともに図 4.5 に示す．この図から，交雑率変化パターンの減衰パラメータ b は，風速と風向偏差量からよく推定できることがわかる．そこで，風速と風向が，ドナーからの距離と交雑率の関係を決定する，もう一つの重要な要因であることが明らかになった．

　図 4.5 に示した重回帰式の係数をもとに，風速・風向と減衰パラメータの関係について考察する．まず，風速については，風が強く吹けば吹くほど，花粉は遠くまで均一に飛散し，交雑は一様になり，距離に対する交雑率の減衰率は小さくなる（負であるがゼロに近づく）と考えられる．そこで，重回帰式における風速の係数が正になったと考えられる．

　一方，風向の変化は，ドナーに近いところでは花粉飛散量に直ぐに影響するが，ドナーから遠いところでは拡散効果が入ってくるため，風向が花粉飛散量に与える影響は不明瞭になると考えられる．すなわち，風がドナーからレシピエントに真っ直ぐに吹く条件の時ほど（WV が大きくなるほど），レシピエント群落内の距離による交雑率の違いが明瞭になり，減衰率としては大きくなる（負に大きくなる）と推定される．これが，重回帰式において風向偏差量の係数が負になった理由と考えられる．

4.4 交雑率を決める要因は何か？

　以上の結果をもとに，各年次の距離と交雑率の関係を推定した．手順は以下の通りである．

① 各年次の花粉総飛散数とパラメータ a の関係式（図 4.4 の式）から，各年次のパラメータ a を推定する．

② 各年次の風速と風向から，図 4.5 の回帰式を用いて各年次のパラメータ b を推定する．

③ 式 $y=ax^b$ を用いて，各年次でのドナー距離に伴う交雑率変化パターンを求める．

　図 4.2 に，上述の方法で推定した「距離—交雑率変化パターン」を曲線で示した．この図から，生物・気象要因から推定した距離—交雑率変化パターンは，

① 2001 年の特に低い交雑率変化パターンを表し，

② 中程度の交雑率となったグループ（2002 年，2003 年）の変化パターンを表し，

③ 高い交雑率となったグループ（2004 年，2005 年）の変化パターンを表し，

④ 両グループ間の差異が，距離 20 m までは明瞭であるが，遠距離では不明瞭になったことを表していることがわかる．

　本論文で示したアルゴリズムを用いれば，交雑を問題とする群落内における交雑率の変化パターンは，その年の花粉飛散数と，風向・風速から，ある程度推定できることが示された．

　5 年間にわたる圃場での交雑実験結果に基づき，交雑率の年次間変動やドナーからの距離による交雑率変化パターンを比較検討した．その結果，ドナー群落の花粉総飛散数と風速・風向がレシピエント群落の交雑率に大きく影響することが明らかになった．このことは，今後，組換え体栽培などにおける遺伝子流動の問題を考える際に，重要なポイントになると考えられる．すなわち，周辺環境への花粉飛散による遺伝子流動を抑制するためには，まず，放出源である群落の花粉放出強度を小さくすることや開花期間を短くすることが重要であると言える．例えば，育種をする際に，これらの特性を考慮した新品種育成を行うことが適切となり，栽培管理としては，防風網や植生などを利用するなど，花粉放出量が大きくならないような栽培法が期待される．次に，気象要因の中で風向と風速が，交雑率の分布を決める基本的な要因であることから，組換え体を栽培する圃場の局地気象環境や地域的な気象特性にも，充分に配慮をしなければならないことが指摘される．

今後は，今回のような実験を繰り返して行うことで得られる事実に基づいて，花粉の放出過程，拡散過程，交雑過程などのメカニズムを明らかにしていく必要がある．さらに，各過程について解明されたメカニズムを組み合わせることで，圃場で起きている実際の現象を再現できる合理的な交雑率予測手法を開発していくことが大切である．

引用文献

Austerlitz F., C.W. Dick, C. Dutech, et al., 2004：Using genetic markers to estimate the pollen dispersal curve, *Molecular Ecology*, **13**, 937-954.
Bulant, C. and Gallais, A., 1998：Xenia effects in Maize with normal endosperm: I. Importance and stability, *Crop Science*, **38**, 1517-1525.
Heuertz M., X. Vekemans, J.F. Hausman, et al., 2003：Estimating seed vs. pollen dispersal from spatial genetic structure in the common ash, *Molecular Ecology*, **12**, 2483-2495.
Kaufman, S.R., P.E. Smouse and E.R. Alvarez-Buylla, 1998：Pollen-mediated gene flow and differential male reproductive success in a tropical pioneer tree, Cecropia obtusifolia Bertol. (Moraceae): A paternity analysis, *Heredity*, **81**, 164-173.
川島茂人，松尾和人，杜 明遠他，2002：花粉によるトウモロコシの交雑率とドナー花粉源距離との関係，日本花粉学会会誌，**48**，1-12.
川島茂人，松尾和人，芝池博幸他，2007：トウモロコシ交雑率の年次変動に与える生物・気象条件の影響，日本花粉学会会誌，**53**，9-17.
Kwon Y.W., D.S. Kim and K.-O. Yim, 2001：Herbicide-resistant genetically modified crop: assessment and management of gene flow, *Weed Biology and Management*, **1**, 96-107.
Lavigne, C., E.K. Klein and D. Couvet, 2002：Using seed purity data to estimate an average pollen mediated gene flow from crops to wild relatives, *Theoretical and Applied Genetics*, **104**, 139-145.
Louette, D., A. Charrier and J. Berthand, 1997：*In situ* conservation of maize in Mexico：Genetic diversity and maize seed management in a traditional community, *Economic Botany*, **51**, 20-38.
Richards, C.M., S. Church and D.E. McCauley, 1999：The influence of population size and isolation on gene flow by pollen in *Silene alba*, *Evolution*, **53**, 63-73.
Rognli, O.A., N.-O. Nilsson and M. Nurminiemi, 2000：Effects of distance and pollen competition on gene flow in the wind-pollinated grass *Festuca pratensis* Huds, *Heredity*, **85**, 550-560.
Sork V.L., J. Nason, D.R. Campbell, et al., 1999：Landscape approaches to historical and contemporary gene flow in plants, *Trends in Ecology and Evolution*, **14**, 219-224.
Vezvaei, A. and J.F. Jackson, 1997：Gene flow by pollen in an almond orchard as determined by isozyme analysis of individual kernals and honey bee pollen loads, *Acta Horticulturae*, **437**, 75-81.
Viard F., Y.A. El-Kassaby and K. Ritland, 2001：Diversity and genetic structure in populations of *Pseudotsuga menziesii* (Pinaceae) at chloroplast microsatellite loci, *Genome*, **44**, 336-344.
Wang, T.Y., H.B. Chen and H. Darmency, 1997：Pollen-mediated gene flow in an autogamous crop: Foxtail millet (*Setana italica*), *Plant Breeding*, **116**, 579-583.

5. 遺伝子組換え作物との共存 ―花粉拡散・交雑予測モデルとシミュレーション―

5.1 はじめに

　第4章で述べたように，遺伝子組換え体植物が環境に与える影響の1つとして，花粉の飛散によって起こる交雑が引き起こす遺伝子のフロー問題がある．人為的に組換えられた遺伝子が，非組換え体植物の中に入り込み，自然界の中に広がっていってしまうという問題である．

　川島ら（2002）は，比較的短い距離での遺伝子フローを明らかにするために，トウモロコシ種子のもつキセニア現象（Bulant and Gallais, 1998）を利用して，風で運ばれる花粉によって発生する2種類のトウモロコシ間の交雑率を実験的に調べ，交雑率が，ドナーとなるトウモロコシ群落からの距離によってどのように変化するかを，気象条件との関係に留意しながら明らかにした．その結果，交雑率はドナー群落からの距離に従って指数関数的に減少すること，距離に伴う交雑率の減少率は一定ではなく，ドナー群落に近い場所では大きく，ドナー群落から遠い場所では小さいこと等が明らかになった．我々は，これらの結果をより一般化するため，2001年から5年間，同様な実験計画のもと，面的に交雑状況を得る詳細な交雑実験を行い，気象観測値や交雑率を取得した．その結果，同じ距離でも気象条件によって交雑率は数倍変化すること（川島ら，2004），距離と交雑率の関係を決定する第1の要因は花粉総飛散数であり，第2の要因は風速と風向であること（川島ら，2007），などを明らかにした．

　これらの研究は，花粉飛散や交雑に関する実態の把握手法や得られた実態の特性（モニタリング）に関するものと，それに基づく動態の解明（メカニズム）をねらいとしたものである．これらの研究の結果，風媒性作物の花粉飛散と交雑率の分布特性は，明らかになってきたが，近年の現実的な課題においては，さらに一層の研究の進展が求められている．すなわち，遺伝子組換え作物

(GMO)の共存方法を策定するための基礎として,様々な条件下での交雑率を合理的に推定・予測する必要が生じている.しかしながら,GMOと非組換え作物(Non-GMO)等の間に起こる交雑現象は,その年の気候条件や花粉飛散時期の気象条件に大きく左右されるとともに,圃場の形状や規模によっても影響を受ける.そのため,交雑に及ぼす様々な要因と交雑率との関係を,合理的に結びつけるためのモデリング手法が必要となる.そこで本章では,イネやトウモロコシなどの風媒性作物を対象として,花粉源から放出される花粉によって引き起こされる交雑について,そのプロセスを合理的に計算するモデルを構築する手順について説明するとともに,交雑率の広域的な空間分布を予測することが可能な「花粉飛散交雑予測モデル」を開発した研究について述べる.

モデル開発の研究では,現実に起こっている交雑現象を,できるだけ忠実にトレースして,最終的に交雑率を求めるようなモデルを構築することをめざした.ドナーからの花粉の放出,風による拡散,レシピエントへの交雑などのプロセスを,それぞれ独立してシミュレートすること,また拡散プロセスでは,物理的な正確さを保つようにすることなどに,特に留意した.シミュレーションの大まかな流れは以下のようになる.

①ドナー群落の開花状態や気象データの入力
②ドナー群落からの花粉放出量の計算
③レシピエント群落からの花粉放出量の計算
④風向と風速などをもとに,風による花粉拡散計算
⑤レシピエント群落内でのドナー花粉濃度の計算
⑥レシピエント群落におけるドナー花粉との交雑
⑦期間を通じた交雑率の計算

本章では,花粉拡散交雑予測モデルの概要と構成要素(サブモデル)の内容について述べたあと,花粉拡散交雑予測モデルを使用したシミュレーションについて述べる.

5.2 花粉拡散交雑予測モデル

風媒性作物から花粉が大気中に放出され,風によって拡散する過程と,拡散した花粉によって起きる交雑過程を数値的にシミュレートするため,花粉拡散

交雑予測モデルを構築した．このモデルのアルゴリズムは，様々な風媒性作物に適用することが可能なものであるが，モデルパラメータは作物によって異なる．本章では，できるだけ具体的に記述することで，モデルに対する理解が容易になると考え，わが国で最も基幹となる作物であるイネを対象例として述べることにする．

5.2.1 花粉拡散交雑予測モデルの概要

花粉拡散や交雑率の分布を数値的に計算するために，対象地域内を南北方向と東西方向に格子で分割した．格子間の距離は，南北方向および東西方向ともに任意に設定することができる．標準的な格子距離の設定は，1 m から 100 m のオーダーが適当である．計算は，すべてこの格子系に基づいて行った．

花粉拡散交雑予測モデルの全体的構成を図 5.1 に示す．モデルには，気象環境データと生物環境データの 2 種類のデータを入力する．気象環境データとしては，対象地域内に設置した総合気象観測システムで得られる各種気象要素の

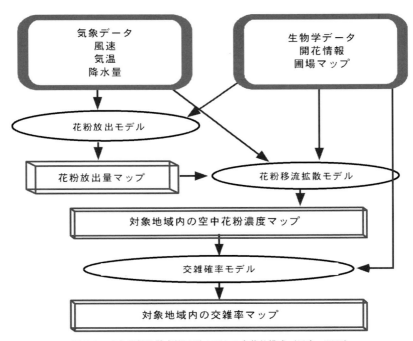

図 5.1 イネ花粉拡散交雑予測モデルの全体的構成（川島，2009）

毎時値を与える．生物環境データとしては，対象地域内のドナー群落（花粉親，GMO 圃場）とレシピエント群落（種子親，非 GMO 圃場）の分布（形状，規模）および開花パターンを与える．水田地帯は一般に平坦地域であるため，気象要素の毎時値は空間的にほぼ一様であり，対象地域内で得られた観測値で代表できると仮定した．

5.2.2 花粉放出モデル

花粉放出モデルは，開花したイネ群落における気象条件とイネ花粉放出量の関係を定式化したものである．モデルの基本となるのは，全個体が最大に開花したイネ群落からの単位時間あたり，単位面積あたりの花粉放出可能量である．花粉放出可能量とイネ群落の開花度を掛け合わせて，各時刻におけるイネ花粉放出量を求める．

a．基本モデル

このモデルを決定するには，体積法などによる空中飛散花粉濃度の実測値と気象データを用いることが望ましい．そこで，イネ群落上においてバーカード花粉捕集器（体積法）を用いて空中花粉濃度を計測するとともに，群落内に気象観測システムを設置し気象要素を測定した．各種気象要素と花粉放出群落直上の空中花粉濃度時別値を時系列に整理し，両者の関係を解析した．その結果，以下のことが明らかになった．

① 各種気象要素（気温，風向，風速，日射，降水量）の中で気温が，空中花粉濃度の変動と最も関係している．
② 単にある時刻の気温の高低よりも，前時刻の気温との差として計算される気温変動値が，空中花粉濃度と関係している．

これらの事実は，気温の急激な上昇があった後に，空中花粉量の大きなピークが観測されることや，午前中の気温が上昇する時間帯に花粉が最も多く飛散するという経験的な事実と符合する．解析結果をふまえて，イネ花粉放出量を求めるための式を，以下（1）式のように定式化した．

$$S_O = aF\frac{dT}{dt} \tag{1}$$

ここで，S_O は単位時間あたり単位面積のイネ群落から放出される花粉量，a

は定数，Fは計算面積あたりの開花穂数，Tは気温，tは時間である．

b. オプションモデル

さらに，日射量を説明変数に加えることによって，モデルの推定精度が向上する場合があることが明らかになり，様々な式の形を比較検討した結果，以下のように日射量の二乗の項を加えた形のイネ花粉放出モデルも作成した．

$$S_O = aF\frac{dT}{dt} + bFS^2 \tag{2}$$

ここで，Sは日射量，a, bは定数である．パラメータa, bは，対象とする品種の雄花の形成量に関係する．

5.2.3 花粉移流拡散モデル

第3章でも説明した通り，大気中を運ばれる様々な物質の拡散過程は，一般的に，次の移流・拡散方程式によって記述される．最も重要な式なので，改めて本章でも記載する．

$$\frac{\partial P}{\partial t} = -V \cdot \nabla P + \nabla(K \cdot \nabla P) + S_O - S_I \tag{3}$$

ここで，微分作用素$\nabla = \partial/\partial x + \partial/\partial y + \partial/\partial z$，$P$は対象とする物質の濃度であり，花粉の場合は単位体積の空気中にある花粉数，Vは大気の速度ベクトル，Kは拡散係数，S_Oは物質の発生強度，S_Iは物質の消失強度，x, y, zは直交座標系である．スギ花粉の拡散過程と同様に，この式は直接的には，ある場所における対象とする物質の濃度変化が，その物質の移流，拡散，放出（発生）および消失によって決まることを表しているとともに，間接的には，輸送過程が移流，拡散，放出，消失などのサブプロセスから構成されていることを示す．

イネ花粉においても，輸送過程全体は，
① 群落の雄花から放出する過程，
② 風によって運ばれつつ拡散する過程，
③ 落下し沈着する過程
に大別される．

花粉の拡散問題では，各過程をできるだけ区別して解析して，各サブプロセスの中の主要原理を明らかにすると同時に，明らかになった原理を組み合わせ，

輸送過程全体を総合的に解析することが重要である．

5.3 花粉拡散交雑予測シミュレーション

シミュレーションを行うために，対象圃場を格子に分割する．格子間距離すなわち格子間隔は1mから10mのオーダーとする．シミュレーション対象地域全体の大きさを考慮して，格子間距離と格子の数を決める．

5.3.1 花粉放出過程シミュレーション

花粉放出量，すなわち，単位面積あたりのドナー群落から単位時間に大気中に放出される花粉量を推定するために，群落の開花情報と，群落微気象情報を用いる．

まず，開花情報としては，対象とするドナーにおける，計算単位区画あたりの開花数を用いる．計算単位区画は，狭い圃場では0.5m×0.5mを，広い圃場では10m×10mを用いることが多い．開花数のもとになる，開花の判定は，ある株のある穂において，穂の先端が現れた時を，その穂が開花したとする．ここで，開花数とは，開花状態にある穂の数である．このデータは，圃場での開花調査に基づいて得られ，計算単位区画あたりの開花数に換算して，シミュレーションに用いられる．

次に，微気象情報としては，群落直上の気温などが用いられる．対象とするドナー群落の気温，風向，風速，日射量などの気象状態は，空間的に一様であると仮定する．毎時の気温データから，単位時間あたりの気温上昇量，すなわち気温の時間的変動が計算される．気温の上昇量は，植物群落からの空中花粉の放出量に密接に関係していることが明らかになっている．なお，上昇量がゼロ以下の場合は，上昇量はゼロとする．

基本モデルでは，上記の2つの要素，「計算単位区画あたりの開花数」と「気温の上昇量」の積を用いて，植物群落からの空中花粉の放出量，すなわち，単位面積あたりのドナー群落から単位時間に大気中に放出される花粉量を推定した．シミュレーションでは，計算区画内にあるすべてのドナー群落区画を対象として，花粉放出量を計算する．この計算手順は，計算期間内のすべての時刻に対して実施される．

5.3.2 花粉拡散過程シミュレーション

ドナー群落であるすべての計算区画からの花粉放出量をソースとして，沈着量の空間分布をプルーム型のモデルを用いて求める．プルーム型のモデルは，単一のソースから放出された物質が，ソースの周囲や風下地域に沈着する沈着量の空間分布を，(3) 式として説明した移流・拡散方程式の解析解に基づいて求めた数式である (Pasquill and Smith, 1983).

$$P(x, y, z) = \frac{S_O}{2\pi\sigma_y\sigma_z u} \cdot \exp\left(-\frac{y^2}{2\sigma_y^2}\right) \cdot \left(\exp\left(-\frac{(z-H)^2}{2\sigma_z^2}\right) + \exp\left(-\frac{(z+H)^2}{2\sigma_z^2}\right)\right) \tag{4}$$

ここで，P は空中花粉濃度 (grains m^{-3})，S_O は花粉放出強度 (grains s^{-1})，u は風速 (m s^{-1})，H はソースの地上高さ (m)，σ_y は水平方向の拡散パラメータ (m)，σ_z は鉛直方向の拡散パラメータ (m)，x, y, z は直交座標系 (m) である．

各計算区画に対して，S_O は，花粉放出モデルから求めた「花粉放出量」を用いる．風向と風速は，圃場で計測された値を用いる．

5.4 入出力データとパラメータ

5.4.1 気象データ

気象に関係する以下の毎時データをモデルに入力する．データは，カンマ区切りの Excel ファイル (.CSV) によって，プログラムから読み込ませる．

① 通算時間数：計算する最初の時刻を1として，計算期間内の通算時刻を数値で表したもの．単位は時間である．
② 日付：年月日で表す．
③ 時刻：時分で表す．
④ 気温：時別平均気温 (℃)．
⑤ 相対湿度：時別平均相対湿度 (%)．
⑥ 風速：時別平均風速 (m s^{-1})．
⑦ 風向：時別平均風向 (degree)：風が吹いてくる方向を，北を0度として時計回りに表す，気象学における標準的な風向)．
⑧ 降水量：時別積算降水量 (mm h^{-1})．

⑨ 日射量：時別積算日射量（MJ m^{-2} h^{-1}）．
⑩ 気温変化：気温の時間的な変化（℃ h^{-1}）．対象とする時刻の気温変化は，その時刻の気温から1時間前の気温を引いて求める．気温変化が負になる時はゼロとする．

5.4.2 開花データ

ドナー群落およびレシピエント群落について，それぞれ10個体（10株）あたりの開花穂数の日別値を入力する．開花の判定基準は，止め葉の先端から，穂の先が表れた時を，その穂が開花したとする．開花穂数は，ある日に新たに開花した穂の数とする．前日以前に開花した穂は，開花穂数に入れない．シミュレーションでは，通常は，圃場での観察で得られた開花穂数の経日変化データを入力する．品種や気象条件などで開花穂数の経日変化パターンは影響を受ける．これまでの観察結果などをもとに，シナリオ的な開花穂数のデータを作成して，シミュレーションに用いることも可能である．

プログラムには，以下の①と②を入力する．データは，カンマ区切りのCSVファイルによって，プログラムに読み込ませる．開花率と開花度の値は，プログラム内で開花穂数データから計算される．ある日についてすべての時刻で開花数は一定と仮定し，時別値は日別値をもとに形式的に求められる．
① ドナー開花数：単位面積のドナー群落内の開花している穂の数．
② レシピエント開花数：単位面積のレシピエント群落内の開花している穂の数．

5.4.3 花粉放出モデルと開花数

ドナー開花数（FLD）は10株あたりの開花穂数として調査した．この値を単位面積あたりの開花数（FLDU）に換算したあと，花粉放出量を求める式は，以下の式となる．

$$花粉放出量\ S_0 = 定数 \times FLDU \times 気温変動$$

時別積算降水量が0.1 mm以上ある時は，降雨による花粉放出抑制効果があると考えて，花粉放出量をゼロとした．

5.4.4　ドナーマップとレシピエントマップ

　ドナーマップはドナー圃場の分布を表す2次元データ，レシピエントマップはレシピエント圃場の分布を表す2次元データである．まず，エクセルファイルで，ドナーマップとレシピエントマップは，別々のワークシートで作成する．ドナーマップでは，ドナーのある場所に1，ない場所に0を入力する．レシピエントマップでは，レシピエントのある場所に1，ない場所に0を入力する．圃場関係のパラメータとして，以下のような値を設定した．
① 単位計算区画サイズ：例えば 1 m×1 m
② ドナー群落の区画数：例えば 4×38
③ レシピエント群落の区画数：例えば 34×38
④ 作物群落の畝間と株間：例えば 0.3 m×0.15 m

5.5　交雑率の計算方法とシミュレーション結果例

5.5.1　交雑率の計算方法

　1つの花を考える．この花の交雑確率 h を

$$h = \frac{D}{D + R_1 + R_2} \tag{5}$$

ここで，D はレシピエント雌花近傍のドナー花粉の空中濃度，R_1 と R_2 はレシピエント雌花近傍のレシピエント花粉の空中濃度である．R_1 は，着目している雌花以外の周囲のレシピエント由来の花粉濃度，R_2 は着目している雌花の小穂にある雄花由来の花粉濃度である．R_2 は定数と仮定する．

　D と R_1 はシミュレーションから得られる．R_2 は非常に大きな値となると考えられるが，実測は困難な特性であり，シミュレーションを利用して，試行錯誤で決める．交雑粒数を G とすると，

$$G = h \times N$$

ここで，N はレシピエント開花粒数.

　時間ごとの交雑を考えて，時間の添え字を i とすると，

$$G_i = h_i \times N_i$$

総交雑粒数は，

$$\sum G_i = \sum (h_i \times N_i) \tag{6}$$

平均交雑率 H は,

$$H = \frac{\sum G_i}{\sum N_i} = \sum \left(h_i \times \frac{N_i}{\sum N_i} \right) \tag{7}$$

ここで, 交雑確率 h_i はシミュレーションから得られ, 開花率 $(N_i / \sum N_i)$ は観察から得られるので, それらの積を合計することで, 平均交雑率が推定できる.

5.5.2 シミュレーション結果例

シミュレーション結果として得られた交雑率の例を図5.2に示す. 横軸はドナー群落からの距離, 縦軸は交雑率である. □は実測交雑率, ■は花粉拡散交雑予測シミュレーションによって得られた推定交雑率である. 上図は交雑率が低いケース, 下図は交雑率が高いケースである. これらの図から, シミュレーションが交雑率の空間分布をよく再現していることがわかる.

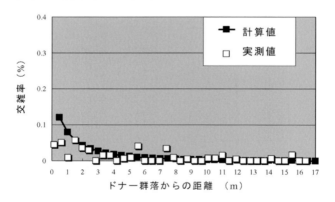

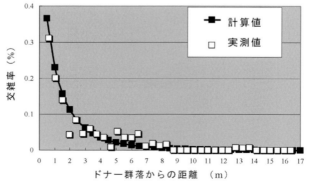

図5.2 シミュレーションで得られた交雑率の例

5.5 交雑率の計算方法とシミュレーション結果例　　　　　　　　　　　71

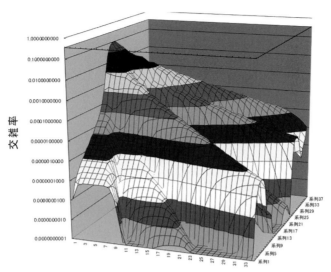

図 5.3　シミュレーションで得られた交雑率を 3 次元的に表現した例

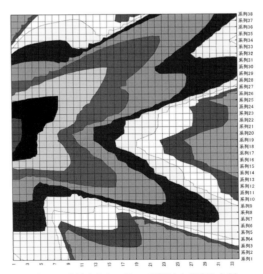

図 5.4　交雑率を色の違いで平面上に表現した例

　図 5.3 に，大規模な圃場を対象としたシミュレーションで得られた交雑率を 3 次元的に表した例を示す．交雑率の大きさを高さで表現している．計算格子間隔は東西 10 m，南北 10 m，計算領域の大きさは 340 m×380 m，この図で

卓越風向は左から右に吹き，花粉原のドナー群落は，図の左面の中央付近にある．図5.4に，交雑率を色の違いで平面上に表現した例を示す．

5.6　今後の研究展望

ここで解説したモデルを使った研究は現在進行中であり，最終的な結果を集約するまでには至っていない．そこで，本章の最後に，今後の研究の展望について述べることにする．

5.6.1　GMO 共存に向けた研究プロジェクトにおける課題構成

既存の研究成果を基礎として，広域的な問題に適応可能な「花粉飛散交雑予測モデル」を構築した．栽培地域の形状は，いかなる形状でも任意の形状に対応して交雑率の計算が可能なようにモデルを構築した．この形状的な自由はドナーとする圃場のみならず，レシピエントの圃場の形状についても，任意な形状が設定できるようにした．

今後，遺伝子組換え作物と一般栽培作物等との共存のための技術開発を目的として行われる研究課題の構成は，以下のようなものが考えられる．
①圃場における様々な実測データを得るための課題
　　交雑率，気象条件，栽培条件，開花パターン，収穫時混入率などの収集．
②実測値を得るための新たな技術に関する課題
　　例えば，空中花粉濃度の自動計測方法の高度化に関する研究．
③交雑抑制技術に関する試験研究課題
　　防風垣，防風ネットなどの効果に関する研究．
④モデル化に関する課題
　　本章で紹介した風媒性作物を対象とした花粉飛散交雑予測モデルの研究．

以上のように様々な課題があるが，総合的研究プロジェクトにおいては，各課題は相互に補いながら，最終的な目的である政策決定への利活用に向けて，モデル化の課題とそのモデルを用いた交雑予測システムの課題を軸に，研究を進めていくのがよいと考える（図5.5）．

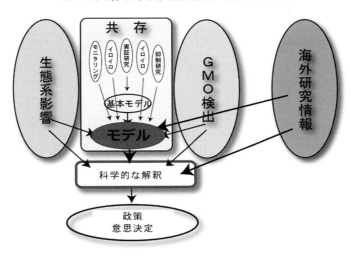

図 5.5 GMO 共存に向けた研究プロジェクトにおける課題構成

5.6.2 モデル化に関する課題の方針

既存作物と遺伝子組換え体作物との共存のための研究については，EU が先行しており，両作物が複雑に配置されるような場合に関する研究もすでに行われている．図 5.6 に研究成果の例を示す．

このような EU における先行研究などをふまえて，GMO の共存をターゲットとしたモデル化に関する研究課題では,以下のような研究の柱が考えられる．
①花粉飛散交雑予測モデルの汎用化・高度化に関する研究．
②モデルを活用するための環境条件のパラメータ化に関する研究．交雑予測モデルに，わが国の気象気候条件と土地利用条件，栽培条件を適用するための研究．
③多様な気候・土地利用条件を用いたイネ交雑率予測システムの開発．

一方，環境条件のパラメータ化に関する研究では以下のような課題がある．
①ドナー圃場，およびレシピエント圃場の規模・形状とそれらの配置について，パラメタライズする方法の検討．
②風向，風速，気温，降水量等の気象条件の整理と典型パターンの抽出．全国の米作地帯における，風向や風速などの局地気象特性を，パラメタライズして，

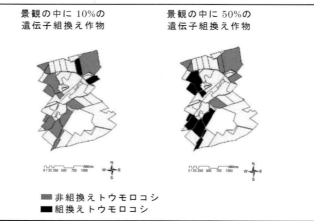

図 5.6 EU における GMO 共存の広域的研究例（Messean et al., 2006）
黒色のところが GM トウモロコシ，灰色のところが非 GM トウモロコシ．左図は景観の中に 10% の GM トウモロコシがある場合，右図は景観の中に 50% の GM トウモロコシがある場合．

モデルに反映させる手法について検討する．
③栽培品種，栽培期間の整理と典型パターンの抽出．
　これらの課題では，各条件を確率論的に扱えるような形にするとともに，空間分布（マップ）として整理することが求められる．

5.6.3 モデルを用いた研究成果の活用方策

　交雑率の大小に与える主たる要因を明らかにするとともに，少しでも交雑率を低くしようと考えるならば，各地の気象条件にあった栽培（時間的な配置）と，土地利用区画（空間的な配置）を良く考えることが重要となる．同時に，花粉総量をできるだけ小さくする工夫も必要となる．
　モデル研究の有効な点は，様々な条件を想定して，合理的な評価や予測が行えるばかりでなく，実際に考えられる条件を設定して，具体性に富む説得力のある値を算出できるところにある．モデル研究にはこのような特徴があるため，わが国における遺伝子組換え作物の共存に向けて行われる今後の研究においても，モデル研究の必要性や重要性はますます高まるものと考えられる．
　今後の共存研究や交雑率のモデル化などにおいては，これまでの研究でわ

かったことを活かすことが肝要であり，どのような基準で，どれくらいの敷居値をもうけるのかという問題や，その敷居値を下回るようにするには，どのような要因をどうやって調整・制御すればよいかといった課題が肝要となる．

5.7　プログラムのフロー概要

花粉拡散交雑予測シミュレーションを行うためのプログラムの基本的な流れを以下に示す．同様なプログラムを作成する場合の参考にしていただきたい．配列の大きさは計算対象圃場の大きさなどによって変わり，パラメータの値は例として記入した．

```
+ + + + + + + + + + + + + + + + + + + + + + + + +
配列の定義
MET (240,15)         Meteorological data
PDU (101,101)        Unit dispersal distribution for donor
PRU (101,101)        Unit dispersal distribution for recipient
PD  (200,200)        Donor pollen spatial distribution
PR  (200,200)        Recipient pollen spatial distribution
HRT (240,200,200)    Hourly hybridization probability Map
HR  (200,200)        Total hybridization probability Map
MAPD (200,200)       Donor field Map
MAPR (200,200)       Recipient field Map
 + + + + + + + + + + + + + + + + + + + + + + + +
気象および開花データの読み取り
ドナーマップ，レシピエントマップの読み取り
 + + + + + + + + + + + + + + + + + + + + + + + +
基本パラメータ入力
   DX = 0.5          X方向のグリッド間隔 (m)
   DY =  0.5         Y方向のグリッド間隔 (m)
   AK1 = 0.05        拡散パラメータ (m)
   DDR = 0.95        乾性沈着速度 (m/s)
 + + + + + + + + + + + + + + + + + + + + + + + +
```

時間ループ開始
　　気象データおよび開花データを変数にセット
＋＋＋＋＋＋＋＋＋＋＋＋＋＋＋＋＋＋＋＋＋＋＋＋＋
ドナー花粉放出強度を，気温と開花度から計算
ドナーのユニット飛散量分布をゼロにセット
ドナーのユニット飛散量分布を計算
　　　　サブルーチン　PUをコールする．
＋＋＋＋＋＋＋＋＋＋＋＋＋＋＋＋＋＋＋＋＋＋＋＋＋
レシピエント花粉放出強度を，気温と開花度から計算
レシピエントのユニット飛散量分布をゼロにセット
ドナーのユニット飛散量分布を計算
　　　　サブルーチン　PUをコールする．
＊＊＊＊＊＊＊＊＊＊＊＊＊＊＊＊＊＊＊＊＊＊＊＊
ドナーのユニット飛散量分布を領域内にオーバーレイ
＊＊＊＊＊＊＊＊＊＊＊＊＊＊＊＊＊＊＊＊＊＊＊＊
レシピエントのユニット飛散量分布を領域内にオーバーレイ
＊＊＊＊＊＊＊＊＊＊＊＊＊＊＊＊＊＊＊＊＊＊＊＊
その時刻における，交雑確率を分布として求める．
時間ループ末端
時刻別交雑率を足しあわせて，期間としての「交雑率」を計算．
交雑率を％にする．
交雑率（％）データをファイル出力
メインルーチン終了
＊＊＊＊＊＊＊＊＊＊＊＊＊＊＊＊＊＊＊＊＊＊＊＊
サブルーチン　METIN
気象データ入力サブルーチン
＊＊＊＊＊＊＊＊＊＊＊＊＊＊＊＊＊＊＊＊＊＊＊＊
サブルーチン　MAPIN
ドナーマップ，レシピエントマップ入力サブルーチン
＊＊＊＊＊＊＊＊＊＊＊＊＊＊＊＊＊＊＊＊＊＊＊＊
サブルーチン　PU
ユニット飛散量分布関数（プルームモデル）サブルーチン
プログラム終了

引用文献

Bulant, C. and Gallais, A., 1998：Xenia effects in maize with normal endosperm: I. Importance and stability. *Crop Science*, **38**, 1517-1525.
川島茂人，松尾和人，杜 明遠他，2002：花粉によるトウモロコシの交雑率とドナー花粉源距離との関係．日本花粉学会会誌，**48**，1-12.
川島茂人，松尾和人，芝池博幸他，2004：気象条件が花粉飛散を介してトウモロコシの交雑率に与える影響．農業気象，**60**，151-159.
川島茂人，松尾和人，芝池博幸他，2007：トウモロコシ交雑率の年次変動に与える生物・気象条件の影響．日本花粉学会会誌，**53**，9-17.
川島茂人，2009：花粉拡散・交雑予測モデルとシミュレーション．日本花粉学会会誌，**55**，101-107.
Messean, A., F. Angevin, M. Gómez-Barbero, et al., 2006：New case studies on the coexistence of GM and non-GM crops in European agriculture. Technical Report EUR 22102 EN, ISBN 92-79-01231-2, European Communities.
Pasquill, F and Smith, F.B., 1983：*Atmospheric Diffusion: Study of the Dispersion of Windborne Material from Industrial and Other Sources*, Ellis Horwood.

6. 空中花粉モニターの開発

6.1 はじめに

　遺伝子組換え技術を用いて作られた作物の安全性や環境への影響が懸念される中，組換え体作物の花粉が環境に与える影響が問題視されている．Loseyら（1999）は，Bt（*Bacillus thuringiensis*）トウモロコシの花粉が標的外の昆虫を殺傷してしまう可能性を明らかにした．Searsら（2001）は，より具体的に，Btトウモロコシ花粉の量と昆虫への影響の関係を明らかにした．一方，花粉の飛散によって起こる交雑に伴う遺伝子フローの問題がある（Gliddon, 1999；Paulら，1995；Kwonら，2001）．これは，人為的に組み換えられた遺伝子が，自然界の中に広がってしまう問題であり，特に風媒花であるトウモロコシでは，気象条件次第でかなり広範囲に花粉が拡散し，交雑を発生させる可能性がある（Quist & Chapela, 2001；Louetteら，1997；川島ら，2002）．トウモロコシから放出された花粉の周辺空間への飛散数は，群落からの距離に従って指数関数的に減少する（Raynorら，1972；Paterniani & Stort, 1974；川島ら，2000）．しかしながら，どこまで飛散するかは，気象条件や植物の開花状態によって大きく左右されると考えられる．

　以上のような問題に適切に対応するためには，風媒花作物の空中花粉の飛散動態を詳しく知る必要があり，そのためには，まず，問題となる作物に適した空中花粉自動測定手法の開発が必要である．そこで我々は，代表的な組換え体作物であるトウモロコシを対象として，簡易かつ連続的に自動計測が可能な空中花粉測定装置の開発を検討した．

　空中花粉の測定手法は，大きく分けて重力法と体積法がある．重力法の中で我が国において最も広く用いられているダーラム法（Durham, 1946）は，簡易で廉価な装置であるという長所がある反面，スライドグラスの交換に手間が

かかり，顕微鏡での計数に多大の労力を要する等の問題がある．一方，バーカード法（Hirst, 1952）などの体積法では，時間単位の測定ができる反面，装置が高価でメンテナンスに手間がかかる問題があり，重力法と同様に顕微鏡での計数に多大の労力を要する．以上のように，既往の空中花粉計測法は，重力法でも体積法でも，平面上に付着した花粉の数を計数することによって行われる．しかしながら，花粉の形態計数には熟練と長時間の集中力を要し，個人差も生じやすいという問題がある．（バーカード法はハースト法とも呼ばれる．)

空中花粉の測定法は，長年上記のような問題点をかかえながらも，革新的技術の導入が行われなかった．近年，体積法に属する新たな手法として，レーザー光学技術を応用したスギ花粉の計測手法が数社のメーカーにより開発され，実用化されつつある．いずれも粉塵計の技術を基礎としており，花粉の光学的および流体力学的特性を考慮して製作されている．この計測手法は，使用する機器が高価であるという問題はあるものの，簡易かつ連続的に空中花粉の自動計測が可能となるなど，多くの利点がある（高橋ら，2001）．

本章では，大和製作所がスギ花粉用に開発した装置を基礎にして，われわれの研究グループと大和製作所が共同で開発したトウモロコシ花粉モニターについて，その概要を示すとともに，実際に圃場で測定した結果と，気象条件の影響を考慮しながら考察した結果について述べる．

6.2 野外実験について

6.2.1 実験圃場

実験は，つくば市観音台にある独立行政法人農業環境技術研究所の A-1 圃場において，2002 年 7 月から 9 月にかけて行った．実験圃場の概況を図 6.1 に示す．花粉モニターはトウモロコシ圃場の西縁に接して設置した．トウモロコシの品種はシルバーハニーバンタム（サカタのタネ）を用いた．

6.2.2 これまでの手法による花粉観測

トウモロコシ群落全体としての開花状況を見るために，群落内に複数のダーラム型花粉捕集器（西精機製）を設置した（図 6.1 の●）．さらに，花粉モニターの吸引部から 50 cm 離した位置にも，ダーラム型花粉捕集器を設置した．

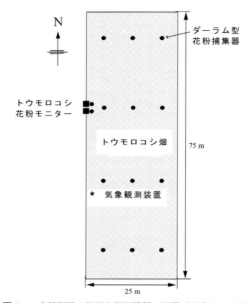

図 6.1 実験圃場の概況と観測機器の配置（川島ら，2004）
■：トウモロコシ花粉モニター，●：ダーラム型花粉捕集器，★：気象観測装置

スライドグラスの交換は，毎朝午前7時に行った．回収したスライドグラス上の花粉は，Carberla液で染色し，18mm×18mmのカバーグラスで覆った後，カバーグラス下のすべての花粉数を数えた．

6.2.3 気象観測について

実験圃場に接する地点（図6.1の★）で気象観測を行った．観測用のポールを設置し，気温・湿度（地上1.5m），風速（地上2m），風向（地上2m）を測定した．測定にはキャンベル社（Campbell Scientific CO.）のセンサとデータロガーを用いた．気象観測結果は，時別値および日別値として整理し，解析した．

6.2.4 トウモロコシ花粉モニター

いくつかの改良を加えたトウモロコシ花粉モニターを製作し，つくば市にある農業環境技術研究所のトウモロコシ畑に設置し，開花シーズンを通じて観測

を行った（図 6.1 の■）．観測には 2 台の花粉モニターを使用した．1 台の吸引部には大きなガラスロート（開口部直径 100 mm）を装着し，他の 1 台の吸引部には小さなガラスロート（開口部直径 65 mm）を装着した．開口部の面積は，それぞれ 78.5 cm^2, 33.2 cm^2 であり，比率は約 2.4 である．花粉モニターの計数値は，RS-232C ケーブルを通してノート型のパーソナルコンピュータに送り，10 分間ごとに積算して記録した．トウモロコシ花粉モニターの製作過程と装置の概要についてはこのあと詳しく述べる．

6.3　花粉モニターの仕組みと観測結果

6.3.1　トウモロコシ花粉モニターの製作

　本実験で使用した装置ができるまでの過程について，その概要を述べる．2000 年夏期において，大和製作所製のスギ花粉用リアルタイム花粉モニター（KH-3000）をもとにして，粒径識別レンジをトウモロコシ花粉の粒径に合わせた装置を試作した．この際レンジは，球体の散乱光に関する光学理論に基づいて決定した．この装置を開花期のトウモロコシ畑に設置して計測試験を行ったが，同時に観測したダーラム法による花粉飛散数との相関係数が 0.5 以下となり，トウモロコシ花粉を適切に計数できていないことがわかった．

　そこで，2001 年の夏期には，圃場での試験に先だち，実験室において実際のトウモロコシ花粉を用いて花粉モニターの応答試験を行った．粒径識別レンジの幅が広くなりすぎないように，レンジの上限と下限を決定した．この装置を開花期のトウモロコシ圃場内に設置し，連続的にデータを取得した．しかしダーラム法による花粉飛散数との相関計数は，2000 年よりも低くなってしまった．これは，粒径識別レンジを狭くした結果，計数された花粉数が少なくなったことが原因と考えられた．実験室における試験では，吸引したトウモロコシ花粉を適切に計数したにもかかわらず，実際には計数がうまくいかないという現象が起きた．

　そこで，なぜトウモロコシ花粉モニターが，適切にトウモロコシ花粉を計測できないかを野外で明らかにする試みを行った．開花した雄花を採取し，花粉モニターの近くで人為的に花粉を飛ばす試験を繰り返した．その結果，花粉モニターが計測していない原因は，モニター計数部やレーザーシステムの問題で

はなく，花粉がモニター計数部まで到達していないことに起因することがわかった．さらに，雄花との距離や花粉識別レンジを変えながら，様々な条件下で試験を繰り返した結果，以下のことがわかった．

花粉モニターの吸引口は，内径4mm（外径6mm）の金属パイプで，モニター本体上部に置いた砂抜き容器から上に向いて突き出している．スギのように相対的に小さい花粉は，落下速度が遅く，質量も小さいため，吸引口付近に発生するロート状の吸引気流に捕捉されて吸引口に導かれる．いわば目には見えないロートが付いているような状態と考えられる．これに対して，相対的に粒径の大きなトウモロコシ花粉は，落下速度が速く，質量が大きいため，横向きの力によって運動方向が変えにくい．そこで，吸引口付近に発生するロート状の気流には乗りにくく，吸引口に向かって落下する花粉以外は，そのまま吸引口の外に落下してしまうと考えられる．そこで，パイプ状の吸引口の上にガラスロートを接合して試験を行ったところ，野外での人為的な花粉飛散に対して，花粉モニターが適切に反応するようになった．

6.3.2 トウモロコシ花粉モニターの仕組み

図6.2（a）に光学系のブロック図を示す．オートパワーコントロールされた波長780nm，出力3mWの半導体レーザーは，コリメートレンズおよびかまぼこ型のシリンドリカルレンズを通して，大気吸引ノズル部において厚さ約30μmのシート状のビームにした．そこにノズルから粒子が入り込むと，粒径に応じた散乱光を生じ，その散乱光を受光素子（PIN-PD）で検知する．この信号は粒子がシート状の光を通過する時間だけ出力するためにパルス状の信号となる．そのパルス幅と前方および側方散乱光量を検知することにより，球形に近い粒子を検出できるように設計した．

図6.2（b）に花粉モニターのエアーフロー系を示す．大気吸引口には垂直にロートを取り付け，風向きに影響されないようになっている．吸引口は砂抜き容器に直結しており，砂は比重差で落下し，除去される．花粉を含んだ大気は光学系に入り，半導体レーザー光に照射され，花粉などの粒子が存在すると散乱により検知する．その後，大気はフィルターを通り，花粉などの粒子を除去し，ポンプの脈流を軽減する緩衝タンクを経てポンプに吸引される．ポンプから排出された一部の大気は，フィルターを通して光学系内に戻る．この気

6.3 花粉モニターの仕組みと観測結果

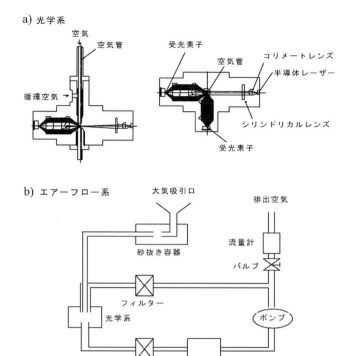

図 6.2 トウモロコシ花粉モニターの仕組み（川島ら，2004）
a) 光学系，b) エアーフロー系（空気流系）

流は花粉を含んだ吸引空気を包み込むようにして光学系内を通過する（エアージャケット方式）．この方式は，光学系内の汚れを防ぐだけでなく，花粉濃度の変化に対する応答性を改善する．測定流量は，ポンプの大きさと光学系の特性等を考慮した結果，同じ体積法であるバーカード型捕集器の半分の毎分 4.1ℓ（4 時間で 1 m^3）とした．

6.3.3 群落全体の開花状況

　トウモロコシ群落全体としての開花状況の変化を見るために，花粉飛散数の経日変化を図 6.3 に示す．各日の値は，群落内に設置した 12 か所のダーラム型捕集器で得られた花粉飛散数の平均値である．開花後 1 週間の 8 月 8 日にピークとなり，2 週間以上の長期間にわたって花粉の飛散が観測された．

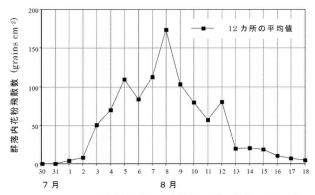

図6.3 ダーラム型花粉捕集器による群落内花粉飛散数の経日変化
群落内12カ所における花粉飛散数の平均値(川島ら,2004)

6.3.4 気象観測結果

開花期間を含む7月30日から8月18日までの気象観測結果について検討した.2002年は,7月20日に梅雨が明け,その後太平洋高気圧に覆われて晴れて暑い日が続いた.開花期間中では,8月5日以降高温となり,日平均気温が28℃以上の日が6日間続いた.この6日間は花粉飛散数も多かった.風速については,開花初期の8月3日にやや強い風が吹いたものの,8月6日までは風速の弱い日が続いた.その後,7日から風速が強まり,8日から11日まで風速の強い日が続いた.風向については,開花初期の8月2日から3日は,北東から東の風であったが,4日から6日には南東の風となり,その後7日から10日までの4日間は,ほぼ真南の風となった.花粉飛散期間中で降雨が記録されたのは,8月1日と15日であるが,いずれも主な開花期間ではなく,15日の降雨量も少なかった.そこで,降雨は本実験の花粉飛散調査結果にほとんど影響しなかったと考えられる.

6.3.5 トウモロコシ花粉モニターでの計測結果
a.ダーラム法との比較

トウモロコシ花粉モニターによる花粉飛散量を,花粉モニターに近接して設置したダーラム型捕集器による花粉飛散数と比較した.ダーラム法でのスライドグラス交換時刻に合わせて,花粉モニターの飛散量を日別値に積算した.解

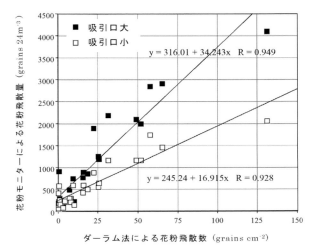

図 6.4 ダーラム法による花粉飛散数と花粉モニターによる花粉飛散量（吸引口大，吸引口小）の関係（川島ら，2004）

析の結果，花粉モニター（吸引口大）による飛散量とダーラム法による飛散数の間の相関係数は 0.949，花粉モニター（吸引口小）による飛散量とダーラム法による飛散数の間の相関係数は 0.928 となった．いずれの組み合わせでも，花粉モニターの飛散量は，ダーラム法の飛散数と非常に高い相関が認められた．また，花粉モニターの飛散量は，吸引口が大きい方がダーラム法による飛散数と相関が高くなった．

図 6.4 に，ダーラム法による花粉飛散数と，花粉モニターによる花粉飛散量（吸引口大，吸引口小）の関係を散布図で示す．図中の直線は，両者の関係を 1 次関数で回帰したものである．2 つの回帰直線の勾配から，吸引口が大きいモニターの捕集効率は，吸引口が小さいモニターの捕集効率の約 2 倍であることがわかる．回帰直線の寄与率（相関係数の 2 乗）から，トウモロコシ花粉モニター（吸引口大）は，ダーラム法で測定した変動の 89% を説明し，トウモロコシ花粉モニター（吸引口小）は，ダーラム法で測定した変動の 85% を説明することがわかる．

図 6.5 に，ダーラム法による飛散数と，花粉モニターによる飛散量（吸引口大）の経日変化を示す．2 種類のデータの縦軸の比率は，図 6.4 で示した回帰直線の勾配にもとづいた．この図から，2 つの方法で得られる計測値は，ほと

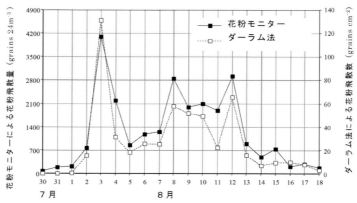

図 6.5 ダーラム法による飛散数（□）と花粉モニター（吸引口大）による飛散量（■）の経日変化（川島ら，2004）

んど同じ経日変化パターンを示すことがわかる．

b．花粉飛散量の経時変化

図 6.6 に，トウモロコシ花粉モニターで計測された花粉飛散量の経時変化を示す．この図から，花粉飛散量の多い日も少ない日も，飛散量の日内変動がきわめて明瞭であることがわかる．日中に最大となり，夜間にほぼゼロとなること，ピークは鋭く尖っており，滑らかな変化ではなく不連続で間欠的であることなどがわかる．

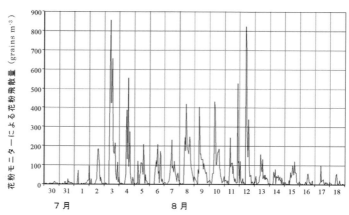

図 6.6 トウモロコシ花粉モニターで計測された花粉飛散量の経時変化（川島ら，2004）

花粉モニターで測定されたトウモロコシ花粉飛散量には，様々な気象条件の影響が反映していると考えられる．花粉モニターは，トウモロコシ畑の西縁に設置したため，風向によって花粉モニターの風上にあるトウモロコシの個体数が異なり，飛来する花粉の量も変化すると考えられる．そこで，風向と花粉飛散量の関係を調べた結果，風向が北東から南の間では多量の花粉が観測されるのに対して，風向が南西から北の間では観測される飛散量がかなり少なくなることがわかった．トウモロコシ群落から放出されて，群落外に拡散していく花粉量と気象条件の関係を見るためには，まず，花粉モニター側から群落方向に風が吹く場合を除くとともに，できるだけ風向が変わらない期間のデータを解析する必要がある．そこで，日別平均の風向だけでなく，時別の風向もきわめて安定して南風が吹き続けた8月8日から10日までの3日間について，気象条件とトウモロコシ花粉飛散量の関係を調べた．この期間は，群落全体の開花状態からみて，開花最盛期の中ほどにあたる．

c．気象条件と花粉飛散量の関係

図6.7に，8月8日から10日の日射量，気温，風速，風向，花粉飛散量の経時変化を示す．この3日間は，晴天が続き，日射量，気温，風速はきわめて典型的な日変化を示した．風速変化パターンは気温変化パターンに比べて，やや時間的に遅れている現象も現れている．これら気象要素の変化に対して，花粉飛散量の変化パターンは，異なった形状を示している．各日とも午前中にピークがあり，正午にはピーク濃度の半分以下に減少している．日の出後の濃度増加は急であるが，ピーク後から夜にかけての濃度減少は緩やかである．日射量の日変化パターンに比べて，気温や風速の日変化パターンは左右非対称であるが，花粉飛散量の日変化パターンはさらに非対称性が強い．花粉飛散量がピークとなっている時の気温や風速をみると，日の出後の気温や風速が急速に増加している時に対応していることがわかる．

図6.7の結果にもとづき，気温の時間的変化率と風速の時間的変化率を求めて，花粉飛散量と比較した．図6.8に，花粉飛散量と気温変化率の経時変化を示す．この図から，トウモロコシ花粉の放出や群落外への拡散が，気温の変化に密接に関わっていることがわかる．気温の上昇率，すなわち，1時間前の気温に比べた気温上昇量が大きいときに，大量の花粉が放出され，群落外に拡散

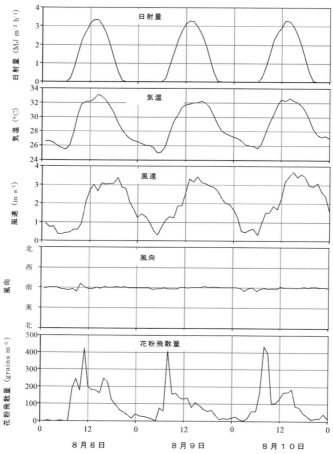

図 6.7 日射量,気温,風速,風向,花粉飛散量の経時変化(川島ら,2004)

する傾向があることがわかる.

6.4 花粉モニターによる新知見と今後の課題

　レーザー光学を応用したパーティクルカウンターをもとに,大粒径のトウモロコシ花粉の空中飛散量を測定する装置を開発した.さらに野外において,トウモロコシ群落の開花期間を通して,気象要素とともに花粉飛散量の計測を行った.その結果,空中花粉測定法として広く用いられているダーラム法との

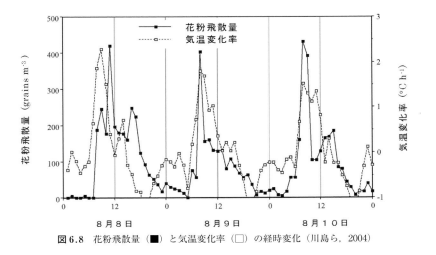

図 6.8 花粉飛散量（■）と気温変化率（□）の経時変化（川島ら，2004）

相関はきわめて高く，相関係数は 0.95 となった．本装置は，トウモロコシ空中花粉を適切に捕集し，計測していると考えられる．本手法を，さらに詳しく検証するためには，バーカード法などによる時別空中花粉濃度との比較を行うことが考えられる．しかしながら，本装置の製作過程において明らかになったように，吸引口が小さい手法では，適切にトウモロコシ花粉が吸引捕集できない可能性が高い．この点は，今後の検討課題の1つである．

　本装置が大粒径のトウモロコシ花粉を適切に測定できた理由は，大きく2つあると考える．1つは，吸引口を大きくすることにより，落下速度が大きく質量も大きい花粉を捕集できるようにしたこと，もう1つは，空中にある様々な微粒子やダストの数は，粒径が大きいものほど顕著に減少するためである．すなわち，トウモロコシ花粉は 100 μm と比較的大きな球形粒子であるため，空気中に同程度の大きさの球形粒子は他にほとんどないことがよい結果につながったと考える．

　畑での時別花粉飛散量と気象要素の関係から，気温変動が花粉飛散に大きく作用していることがわかった．早朝から午前中の前半に見られる急激な花粉飛散量上昇と，それに続くゆるやかな減衰は，トウモロコシ花粉飛散が単なる物理的現象ではなく，生物現象と物理現象が組み合わさった結果として起きていることを明瞭に示している．観測結果は，より詳しく解析する必要があるが，花粉飛散量と各種気象要素の経時変化と，圃場での雄花などの観察から，次の

ようなプロセスでトウモロコシ花粉の放出と拡散は起きていると考察される.

　トウモロコシ群落では，朝はじめて日射が当たると，その日に開花する雄花の葯は一斉に開き始める．その後，気温の上昇を感じて葯が開き，わずかな風でも花粉の放出が起きる状態となる．風速の強弱によって，群落外に拡散する花粉量は変わるが，風の弱いときはほとんどの花粉が雄花の直下に落下する．気温の上昇が小さくなる正午頃には，新たに開く葯も少なくなり，気温上昇が終わる昼過ぎには，その日における開花は終了する．

　本装置は，さらに高精度で空間的代表性の高い値が得られるように改良する予定である．そのため，今後は，データの中に含まれている目的花粉以外のミスカウントやノイズを詳しく分析し，検出に用いるレーザー光源の波長や計数時の判別アルゴリズムについて検討する計画である．現在，生物粒子と非生物粒子を，より正しく判別するための新たな技術と，それを有効化するアルゴリズムについて，試験を行っている．一方，本装置で得られた計測値や，今後の観測で得られる計測値については，気象要素との関係を，より定量的に明らかにし，気象条件と植物生育ステージ等から合理的かつ簡易に，トウモロコシ花粉飛散量を予測できる手法を開発する予定である．

引用文献

Durham, O. C., 1946：The volumetric incidence of atmospheric allergens, IV. A proposed standard method of gravity sampling, counting, and volumetric interpolation of results, *J. Allergy*, **17**: 79-86.
Gliddon, C.J., 1999：Gene flow and risk assessment. Pages 49-56 in P.J.W.Lutman, editor. Gene flow and agriculture. Relevance for transgenic crops. Proceedings of a conference, University of Keele, British Crop Protection Council.
Hirst, J. M., 1952：An automatic volumetric spore trap, *Ann. Appl. Biol.*, **39**, 257-265.
川島茂人，松尾和人，杜　明遠他，2000：環境影響評価のためのトウモロコシ花粉落下総数の予測手法，日本花粉学会会誌，**46**，103-114.
川島茂人，松尾和人，杜　明遠他，2002：花粉によるトウモロコシの交雑率とドナー花粉源距離との関係，日本花粉学会会誌，**48**，1-12.
川島茂人，藤田敏男，松尾和人他，2004：トウモロコシ花粉モニターの開発，日本花粉学会会誌，**50**，5-14.
Kwon, Y.W., D.S. Kim and K.-O. Yim, 2001：Herbicide-resistant genetically modified crop: assessment and management of gene flow, *Weed Biology and Management*, **1**, 96-107.
Losey, J.E., L.S. Rayor and M.E. Carter, 1999：Transgenic pollen harms monarch larvae, *Nature*, **399**, 214.
Louette, D., A. Charrier and J. Berthand, 1997：*In situ* conservation of maize in Mexico : Genetic diversity and maize seed management in a traditional community, *Economic Botany*, **51**, 20-38.
Paterniani, E. and A.C. Stort, 1974：Effective maize pollen dispersal in the field, *Euphytica*, **23**, 129-

134.

Paul, E.M., C. Thompson and J. M. Dunwell, 1995：Gene dispersal from genetically modified oilseed rape in the field, *Euphytica*, **81**: 283-289.

Quist, D. and I.H. Chapela, 2001：Transgenic DNA introgressed into traditional maize landraces in Oaxaca, Mexico, *Nature*, **414**, 541-543.

Raynor,G.S., E.C. Ogden and J.V. Hayes, 1972：Dispersion and deposition of corn pollen from experimental sources, *Agronomy Journal*, **64**, 420-427.

Sears, M. K., R. L. Hellmich, D. E. Stanley-Horn, et al., 2001：Impact of Bt corn pollen on monarch butterfly populations: A risk assessment, *Proceedings of the National Academy of Sciences of the United States of America*, **98**, 11937-11942.

高橋裕一，川島茂人，藤田敏男他，2001：リアルタイム花粉モニター（KH-3000）とバーカード・サンプラーの比較，アレルギー，**50**, 1136.1142.

7. 黄砂とその拡散問題

7.1 は じ め に

　黄砂，すなわち大陸の乾燥・半乾燥地域から風によって大気中に舞い上がる風送ダストは，発生域の農業生産や生活環境に大きな影響を与えるばかりでなく，自由大気に鉱物質エアロゾルとして浮遊し，日射の散乱・吸収および赤外放射の吸収過程や，雲・降水過程を通じてグローバルな気象・気候に影響を及ぼしている．春先には，ひどい黄砂が国内各地のテレビや新聞などで報じられ，航空機の運航などで社会問題となっているが，春野菜や農業施設への影響も懸念されている．本章では，黄砂の発生過程からわが国への飛来・沈着過程に至る各過程について，最近の研究成果にもとづいて概説する．とりわけ，①黄砂とは何か，②どのように動き，③どのように作用するかについて整理し，図表を用いて示す．

7.2　黄砂研究を概観するための分類

　黄砂研究の全体像を捉えるために，2つの分類カテゴリーを用いる．表7.1に，黄砂研究の分類枠組みを示す．横軸としたカテゴリーは，主に研究目的に関係し，縦軸としたカテゴリーは，主に研究方法に関係する．以下，この表の分類に基づいて述べる．

7.3　何　　が　　？

　黄砂（風送ダスト）とは何であるかという問いに対して，物理的に直裁に言えば「砂粒」という答えになる．図7.1に，ダスト粒子の電子顕微鏡写真を示す．

表7.1 黄砂研究を概観するための分類

	何が	どのように動き	どのように作用するか
物理的	砂粒	観測（サンプリング,リモセン） シミュレーション	日射減少＆放射過程 氷晶核＆降水過程
化学的	鉱物成分 付着物質	サンプリング シミュレーション	大気化学反応 化学物質の沈着 海へ養分供給
生物的	細菌 カビ ウイルス	サンプリング	病原の拡散 施設園芸・家畜

この写真から，ダスト粒子はきれいな球形ではなく，複雑な形状をした鉱物粒子であることがわかる．太陽系には，火星と木星の間に小惑星がたくさんあり，それらはかつて1つの惑星であったものの破片ではないかといわれている．大きさはまったく違うが，外見的には小惑星に似ているような気がする．太陽系のスケールからすれば，小惑星は宇宙のダストなのかもしれない．

黄砂は化学的に見れば，様々な鉱物成分の集合体である．成分は高等学校の地学などでも出てくる鉱物元素のとおりであり，珪素，アルミニウム，鉄，カリウム，マグネシウム，ナトリウム，カルシウム等である．ダスト粒子は，大気中の水分等との反応で，化学変化を起こしながら飛んでいく．さらに複雑なことに，本体は砂粒なのであるが，その砂粒に色々なものが付着する．例えば，細菌，カビ，ウイルスなどであるが，この問題については，あとで詳しく述べる．

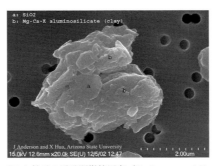

図7.1 ダスト粒子の電子顕微鏡写真（Anderson and Xua, 2004）

7.4 どのように動き？

　ダストの放出源は乾燥域の砂漠である．図7.2に，地球上のダスト放出源の分布と，その拡散方向を示す．多くの放出源は，北半球中緯度に位置する．アフリカ北部，中近東，中国北部などが大きな放出源であり，オーストラリア内陸，南北アメリカ大陸西岸などにもダスト放出源となる乾燥域が存在する．中国のダスト（黄砂）は偏西風に乗って日本に到来するが，アフリカのダストは貿易風に乗ってカリブ海からアメリカ大陸に飛んでいく．

　ダストの放出過程については，以下の3種類の輸送モードが関係していることがわかっている（図7.3）．

① サスペンション：　地表面から風によって舞い上がった砂粒が，そのまま大気中に浮遊しながら運ばれる形態．粒径が微小な粒子が中心．
② サルテーション：　地表面から風によって一度は舞い上がった砂粒が，地表に落下し，また舞い上がっては落下するという過程を繰り返しながら移動する形態．粒径は，やや大きめの粒子が中心．
③ クリーピング：　地表面から舞い上がることなく，風によって転がりながら移動する形態．粒径の比較的大きな粒子が中心．

　サルテーションの粒子が，次第に壊れて小さな粒子になったり，サルテーションやクリーピングの粒子が衝突することで，より小さな砂粒が生まれたりする．最終的には，サスペンションの過程によって，砂粒は大気中に留まり，ダスト，

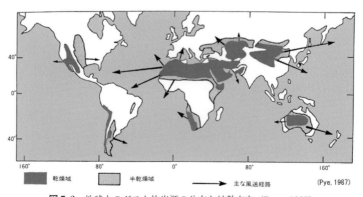

図7.2　地球上のダスト放出源の分布と拡散方向（Pye, 1987）

7.4 どのように動き？

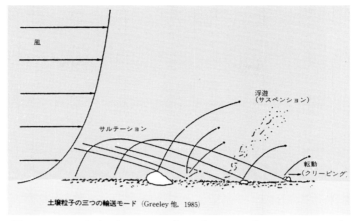

図 7.3 ダストの放出過程における3種類の輸送モード (Greeley et al., 1985)

正しくは風送ダストと呼ばれるものになって，長距離を風に乗って移動することになる．

最近わかってきたことであるが，ダストの放出過程は，砂漠の中におけるこのような自然的なサスペンション粒子の生成過程だけではないようである．すなわち，人為的な要因によって，ダストの生成が促進されていると考えられるようになってきた．具体的には，2つの大きな原因があり，農地を耕耘機などによって耕起する際に，非常に細かい土壌粒子を生じることが1つの原因であり，未舗装の道路を多くの自動車が通過する際に生じる土埃がもう1つの原因である．人為的な作用の影響が，どれくらいの割合であるかについては，まだ明確な数字を出せる段階ではないと思うが，その作用が少なからずダストの放出源において影響しているとみている研究者は多い．

ダストが大気中を移動する過程を調べた研究は，最近多くなっている．それは，ライダー（レーザーレーダー）という機器を用いて，上空の大気中に浮遊するダストの量や分布を測定する方法が実用的になってきたことと，大気中での物質の輸送過程をコンピュータで計算するシミュレーション技術が進歩したことに関係している．図 7.4 は，ライダーを用いて観測した上空のダスト濃度を，径時的に示したものである．このような図を描けば，ダストの塊が上空を通過したときには，それが一目でわかることになる．ライダーによる観測を多地点で行うことによって，ダストの広域的な移動が面的に推定できる．ヨーロッ

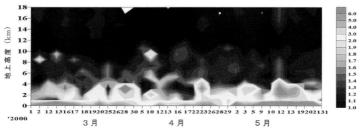

図7.4 ライダー（レーザーレーダー）を用いたダストの観測例（Zhou et al., 2004）

パの多数地点でのライダー観測をもとに，アフリカ大陸からのダストの輸送経路を明らかにした例を図7.5に示す．この図から，イベリア半島沿いに北上したダストが東進する流れ，地中海を横切って中欧に移動する流れ，地中海を越えて東欧に最短で入ってくる流れなどがあることがわかる．このように，上空を移動するダストの動きは，組織的な観測を行うことによって，かなりよくわかるようになってきた．ライダーによる観測データがあることも大きな助けとなって，拡散シミュレーション手法を用いたダスト移動経路の推定評価が盛んに行われている．

一方，衛星画像の情報も，シミュレーションを行うためには重要な情報源である．図7.6に，衛星画像を用いたダストの解析例を示す．ダストの光学的な

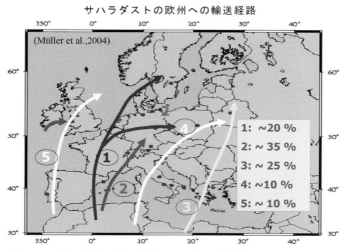

図7.5 ライダー観測などから得られたダストの輸送経路（Müller et al., 2004）

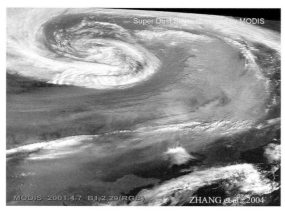

図7.6　衛星画像を用いたダストの解析例（Zhang et al., 2004）

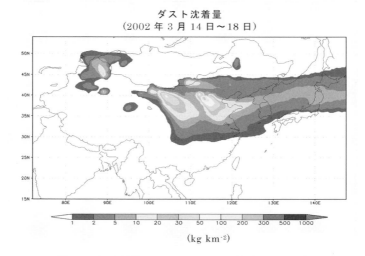

図7.7　ダスト拡散のシミュレーションの例（Song, 2004）

特性に基づいて，ダストと雲とを判別し，ダスト放出源の分布や移動経路の特定などが行われている．

　大気中のダストの動きや濃度分布を数値的にシミュレートするには，多くの未解明なプロセスに対して，不確かな仮定を設けなければならないという問題点がある．しかしながら，シミュレーションは，どこで放出されたダストが，どのような場所を流れていって，どこにどれくらい落下していくかという疑問

に対して，ある程度の答えを用意してくれる．このメリットは，仮定や結果に不確かさは残ること以上に，大きいものであると考える．また，シミュレーションは，様々な条件を変えたときに，それが結果にどのように影響するかを，すぐ示してくれることもありがたい．図7.7にシミュレーション結果の例を示す．中国内陸部の乾燥地で放出されたダストが，偏西風に乗って日本の上空に拡散している様子がよくわかる．このようなシミュレーションを行うことにより，日本に飛来するダストの主な放出域が，どこのあたりであるかという推定もできる．

7.5 どのように作用するか？

ダストが地球環境にどのように作用するかという問題で，まずあげられるのは大気の透過率への影響である．地表でわれわれが受けとる日射には，太陽から直接受ける直達日射と，天空の光として受けとる散乱日射があるが，ダストが上空にあると直達日射が減少するかわりに散乱日射が増加する（図7.8）．大まかにいうと，通常のダストのない時は，日射は主として地表面を加熱する．これに対して，ダストがある時は，日射はダストを介して大気を加熱することになる．この加熱場所の違いの影響は，ダストの範囲が広ければ広いほど地球規模のものになり，長期的な気候にまで影響を及ぼすと考えられている．

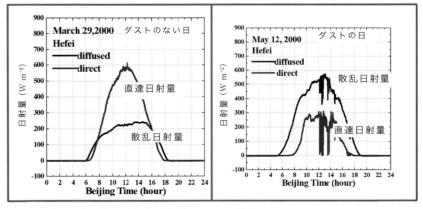

ダストが日射量（直達、散乱）に与える影響
図7.8 風送ダストの日射量への影響（Zhou et al., 2004）

大気中で雨や雪ができる時には，そのきっかけとなる「核」が必要であるが，ダストもその核となる．ダストが沢山あれば，雨や雪ができるきっかけも多くなり，降水過程の促進に寄与する．また，ダストは大気との間に化学作用があることも知られている．わかりやすい例は，ダストによる酸性雨の中和効果である．ダストのない平常時には，酸性の降水が観測される地域で，ダストのある時には中性に近い降水が確認されている．

また，ダストは海洋への養分供給源になっているといわれている．ダストの本体は，先にも述べたように，鉱物元素の混じり合ったものであるが，これが海へ大量に落下・沈着していくということは，莫大な量の化学肥料を海へ撒いているようなものである．それがプランクトンの養分になり，海洋中での食物連鎖のサイクルを促進する．図7.9は，そのイメージを示したものである．すなわち，ダストは海洋資源の分布や変動に影響を与えていると考えられている．そこで，シミュレーション手法などを用いて，海洋へのダストの供給量や分布，また，鉄やマンガンなどの沈着量などを推定する研究が行われている．

最近，ダストに乗って，細菌（バクテリア）やカビが飛来するという研究が話題になっている．細菌やカビの胞子が，ダストに付着して長距離移動すると考えられている．アフリカ大陸で発生したダストが，カリブ海の島々に到達した時のダスト分布を，衛星画像から評価した例を図7.10（上）に示す．この

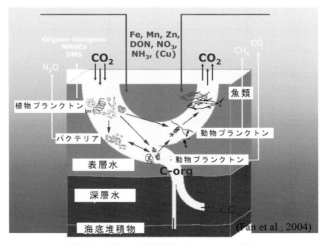

図7.9　海洋への養分供給（Fan et al., 2004）

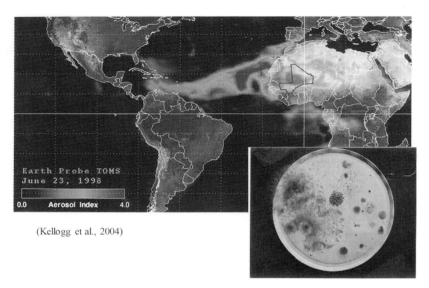

(Kellogg et al., 2004)

(Griffin et al., 2003)

図7.10 アフリカ大陸からカリブ海へのダスト拡散と細菌などの伝搬
(Griffin et al., 2003；Kellogg et al., 2004 より作成)

ような事象が起きているときに捕集したダストを，シャーレで培養した写真を図7.10（右下）に示す．この解析では，アフリカから飛来したと考えられる様々な細菌が見つかった．わが国の隣人である韓国では，黄砂による健康被害が重要視されている．日本よりも放出源に近いために，ダスト濃度が高く，喘息など呼吸器系疾患への影響が顕著となっている．これに加えて，ダストに伴う細菌やカビの飛来まで問題視されるようになってきた．図7.11に，韓国における黄砂時と平常時の空中細菌とカビの比較を示す．この図から，ダスト時には空中を飛んでくる細菌やカビが圧倒的に多くなることが，一目瞭然で明らかとなった．韓国では，黄砂警報システムが運用されている．

わが国の農業に与える影響について調べた例は少ない．井上ら（2005）は，全国47都道府県の関係部局に対して，「黄砂が農業に及ぼす影響」についてアンケート調査を実施した．その結果，多くの自治体では，現状では深刻な問題が生じていないと回答し，特に対策も講じていないことが明らかになった．わが国では多くの問題に対して，後手になることが多い．深刻な問題にならない限り対策を考えないという体質が改めて浮き彫りになった．韓国では，先進的

引 用 文 献

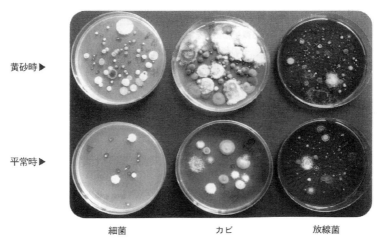

図7.11 黄砂時と平常時の空中細菌とカビの比較（韓国農村振興庁，2004）

に研究や対策が議論されている事象であることを認識されたい．

以上のように，黄砂（風送ダスト）は，それ自身が様々な問題を起こすばかりでなく，様々なものを乗せて運ぶ媒体であることもわかっていただけたと思う．建築への影響について，黄砂に伴う化学物質やカビなどの空中生物が建築物表面に与える影響は少なからずあるものと考えられる．空中生物の遺跡などへの長期的な影響については，Mandrioli et al. (2003) があるので，興味のある方は参照されたい．

引用文献

Griffin, D.W., C.A. Kellogg, V.H. Garrison, et al., 2003：African dust in the Caribbean atmosphere. *Aerobiologia*, **19**, 143-157.
井上 聡，米村正一郎，川島茂人他，2005：黄砂と日本の農業，第21回気象環境研究会講演要旨，73-78.
Kellogg, C.A., D.W. Griffin, V.H. Garrison, et al., 2004：Characterization of aerosolized bacteria and fungi from desert dust events in Mali, West Africa. *Aerobiologia*, **20**, 99-110.
Mandrioli, P., G. Caneva and C. Sabbioni (eds.), 2003：Cultural Heritage and Aerobiology, Kluwer Academic Publishers.
名古屋大学水圏科学研究所編，1991：黄砂 大気水圏の科学，古今書院．
Proceedings of the international symposium on sand and dust storm, 2004, September 12-14, Beijing China.
孫貞秀（執筆代表）2004：黄砂（Asian dust）．韓国農村振興庁（Rural Development Administration, Republic of Korea）．

8. 大気生物学における空中花粉研究

8.1 はじめに

　国際的な大気生物学の研究内容をみると，花粉の飛散動態や気象との関係など，花粉アレルギー症との関連で研究されているものが特に多い．そこで本章では，大気生物学の国際的専門誌として，この分野の世界的な研究状況をみることができる『*Aerobiologia*』誌（Springer）を対象として，花粉症やアレルギー学に関係の深いものを中心にレビューを行い，この分野を俯瞰する案内地図をまとめた．第1章でまとめた「日本の大気生物学」がこの分野の日本地図であるならば，この章は大まかな世界地図である．すでに繰り返し述べているように，空中花粉の輸送過程は，植物から放出するプロセス，風によって運ばれつつ拡散するプロセス，落下し沈着するプロセスに大別される．本章でも，各輸送プロセスの解明と総合的な理解という研究の流れをもとにして，理解しやすいと思われる研究例をあげながらまとめた．

8.2 花粉飛散量の時間的・空間的変化

8.2.1 開花期と花粉飛散期

　まず，花粉の輸送過程で始めの部分にあたる，「植物の開花期」や「花粉飛散期」に着目した研究について紹介する．花粉症を引き起こすオリーブの開花について，スペインで行われた調査から，オリーブの開花期は高度が高くなるにつれて遅くなること，温度，湿度，累積降水量，日照時間が，オリーブの成長に影響を及ぼす気象要素であることが示された（Aguilera and Valenzuela, 2009）．また，同様の研究として，イタリアでオリーブの発育，開花と温度との関係を長期的（1982-2007）に調べた結果，3月1日からの平均気温とオリー

ブが満開になる日付との間に高い相関関係がみられること,近年の気温上昇傾向に伴い,オリーブの開花開始日,満開日,開花終了日のいずれもが早まる傾向にあることが明らかになっている(Bonofiglio et al., 2009).

一方,花粉飛散期の定義に関する研究も行われている.セルビア・モンテネグロにおける3年間の空中花粉測定値をもとに,カバノキ属の花粉飛散開始日について,4種類の評価法が比較検討された(Radisic and Sikoparija, 2005).すなわち,(a) Sum 75 method:平均日平均花粉数が75に達した日を飛散開始日,(b) 2.5% method:花粉数が年間総花粉数の2.5%に達した日を飛散開始日,(c) 1 grain m^{-3} method:1粒以上の花粉粒が連続して5日観測された初日を飛散開始日,(d) 30 grains m^{-3} method:30粒以上の花粉粒が観測された日を飛散開始日とする4種類である.その結果,1 grain m^{-3} methodが,最も早い飛散開始日となった.花粉飛散期の定義は様々なものがあり,定義を統一して議論する必要がある.また,各定義にはそれぞれ特長があるため,研究目的に最適な定義を選択することが重要である.

8.2.2 年間の花粉総飛散量

年間の花粉総飛散量やその年次変動に関して,以下のような研究がある.カバノキ属植物について,雄花の調査から花粉数を予測する方法が検討された(Yasaka et al., 2009).雄花の調査は,北海道における主要なカバノキ属3種を対象とした.その結果,雄花数の年次変化と降水量が,空中花粉量の年次変化を決める主な要因であることが明らかになった.

花粉飛散量の年次変動に関する研究として,Cristoforiら(2010)は,イタリア(トレント)における20年間の空中花粉を分析した結果,アレルギー種の空中花粉量は増加傾向にあり,特に木本類の花粉量増加が顕著であることを示した.一方,スペインにおける8地点27年間のイネ科空中花粉の分析から,飛散開始日の早期化,1日の最大飛散量の増加,花粉飛散量が25 grains m^{-3}を超えた日数の増加傾向が示された(Garcia-Mozo et al., 2010).

以上の他にも,年間の花粉総飛散量が,経年的に増加する傾向があることを報告している研究は多く,地球温暖化が空中花粉量の増加に影響している可能性を示唆している.

8.2.3 花粉飛散量の日内変動

アルゼンチン（ラプラタ）で観測された3年間の空中花粉データをもとに，花粉飛散量の日内変動について検討が行われた（Nitiu, 2006）．その結果，日内変動を，(a) 1日のある時間帯に高い濃度を示すパターン，(b) 1日の中の短い時間内に高い濃度を示すパターン，(c) 1日中ほぼ一定量存在しているパターンの3つの型に分類した．全体の傾向として，1日のうち，日中の空中花粉濃度は高く，夜間の濃度は低かった．木本類花粉と草本類花粉は，ともに午前2時の濃度が最も低く，午前8時頃から増加する傾向が見られた．最大の濃度は午前10時と午後2時に見られたが，午後2時に観測されるケースが多かった．一方，ポルトガル（ポルト）において，アレルゲン性花粉飛散量の日内変動パターンについて解析した研究（Ribeiro et al., 2008）では，花粉飛散量の日内変動を，(a) 1日に1回の極大濃度を示すパターン，(b) 1日中ほぼ一定量存在しているパターン，(c) 1日に2回の極大濃度を示すパターンの3つの型に分類した．上記の2つの研究で，パターンの分類型が異なるのは，研究地域の植生が異なることも原因の1つと考えられる．しかしながら，これらの研究における変動パターンの分類は定性的であるため，パターンの見方がやや主観的になっている恐れがある．そこで，数理的にパターンを解析した例として，デンマークにおける長期観測データから，カバノキ属花粉飛散量の日内変動パターンを三角関数で近似した研究（Mahura et al., 2009）があげられる．

8.2.4 花粉飛散の空間的特性

都市や郊外での花粉飛散の特徴に着目した研究が行われている．都市の土地利用とアレルゲン性花粉の量の関係について，イタリア中部の5都市を対象に解析した結果，土地利用と植生の種類との間に関連性が認められ，土地利用パターンが直接的に都市のアレルゲン性植物の分布に影響を及ぼしていることが示された（Staffolani and Hruska, 2008）．都市化が空中花粉量に与える影響を，ポーランド（ポズナン）において調べた研究（Rodriguez-Rajo et al., 2010）では，同じ都市の中で8 km離れた都市化レベルの違う2地点を対象に，花粉飛散量，飛散期間，ピーク花粉量などの違いを明らかにした．得られた結果に基づき，花粉飛散量予測などの研究では，同じ都市でも，1か所の捕集データだけでなく，都市化程度の異なる複数地点の捕集データを考慮に入れるべきであると結

論付けている.

　地理情報システム（GIS：Geographic Information System）の利用や，空中花粉データの空間的内挿に関する研究が行われている．Albaら（2006）は，花粉観測地点のない場所でのオリーブの花粉飛散予報マップの作成を目指して，GISを用いた空間的補間手法を検討した．空中花粉量に適したマップ化手法の開発や改良によって，より少ない数の花粉観測地点で地域全体の花粉飛散予測ができるようになると考えられる．花粉放出源マップの作製に関する研究も行われている．Karlsenら（2009）は，ノルウェーのカバノキ属の開花マップ作成に，NDVI（正規化植生指数：Normalized Difference Vegetation Index）を利用する研究を行った．NDVIは，衛星画像などから植生の量を評価する指標で，植生の生育ステージの検出などにも使われている．作成されたカバノキ属の開花マップは，緯度と高度に伴う温度変化傾向を表しており，カバノキ属の実際の開花を反映した．

8.3　花粉飛散量と気象要素の関係

　花粉飛散量と気象要素の関係は，『*Aerobiologia*』誌で最も多く扱われている研究内容である．これを主なテーマとしてまとめている論文もあるが，様々な結果の一部として気象要素の影響を扱っている論文が多い．ここでは，花粉飛散量と気象要素との関係が明確に述べられている論文を選び出してまとめる．まず，草本類の空中花粉と気象要素の関係を調べた研究から紹介していく．

　ブタクサ空中花粉と気象条件の関係を調べたポーランド（ルブリン）での研究（Piotrowska and Weryszko-Chmielewska, 2006）から，高濃度のブタクサ花粉が記録される日は，気温は21℃以上で風は主に東南から吹いていたこと，最高濃度は午後に記録されたことなどが示された．同様にブタクサ花粉を対象としたクロアチアでの研究（Peternel et al., 2006）では，3年間のブタクサ花粉量の変動を，気象条件を考慮に入れて調べた結果，花粉量の最大値は，1日のうち10時から12時の間に観測されたこと，気温と花粉量は正の相関関係がみられ，降水量と花粉量は負の相関関係がみられたことが報告された．また，ブタクサとヨモギの花粉量と気象因子との関係をポーランド（シュチェチン）で解析した結果（Puc, 2006）から，ブタクサ花粉量は，気温および最大

風速と正の相関関係，相対湿度と負の相関関係があり，ヨモギ花粉量は，気温と正の相関関係，相対湿度と負の相関関係があり，降水量については，どちらの種の花粉とも相関関係は認められなかったことを示した．また，ブタクサ花粉量が最大風速と正の相関があるのは，ブタクサ花粉が風で長距離輸送されている可能性を示唆していると考察した．オオバコ属とアブラナ科の空中花粉量と気象データの関係を，スペイン（バダホス）を対象に分析した結果（Palacios et al., 2007），両者の花粉ともに相対湿度と負の相関関係がみられ，気温とは正の相関関係がみられた．また，オオバコ属は風速と負の相関関係がみられ，アブラナ科は風速と正の相関関係がみられた．

以上のように，草本類の花粉量と気象の関係では，アレルギーリスクの高いブタクサがよく調べられている．空中花粉量は，気温や最大風速とは正の相関関係があり，降水量や相対湿度とは負の相関関係があり，風速とは相関が負になる場合もあることが特徴である．

一方，木本類の空中花粉と気象要素の関係では，次のような研究がある．カバノキ属の空中花粉と気象条件との関係をスペイン（オウレンセ）で調査した結果，カバノキ属の花粉量は，気温や日射量と正の相関関係がみられ，相対湿度と負の相関関係がみられた．また，気温が開花期や開花強度を決定する主要因であるが，他の要因の影響もあると考察をしている（Mendez et al., 2005）．ブナ科花粉（クリ属，ブナ属，カシ属）と気象要因の関係をイタリア（トリエステ）で調べた結果，クリ属とカシ属の花粉量が気温と正の相関関係がみられた年と，ブナ属とカシ属の花粉量が相対湿度と負の相関関係がみられた年があった（Rizzi-Longo et al., 2005）．全体として，花粉量は気温と正の相関関係，降水量や風速と負の相関関係がみられ，湿度との関係は不明瞭であった．ヒノキ科，カシ属，イネ科，ポプラ属，オリーブ属の花粉について，スペイン（トレド）で解析した結果では，花粉量と気温の間に正の相関関係が，花粉量と相対湿度の間に負の相関関係が，花粉量と花粉飛散ピーク以前の降水量との間に負の相関関係が認められた（Garcia-Mozo et al., 2006）．ヒノキ科，ナンキョクブナ属の花粉を中心としたアルゼンチン（パタゴニア）での解析結果でも，他の研究と同様に，空中花粉量は気温と正の相関，露点温度や降水量と負の相関が認められた（Bianchi and Olabuenaga, 2006）．また，Murrayら（2010）は，アルゼンチン（バイアブランカ）で，3年間にわたり空中花粉量を調査した結

果，約78%は木本花粉，約22%は草本花粉であり，日別花粉量変動に最も影響を与えるものは最高気温と平均気温であること，花粉量と気温は正の相関関係を示すが，相対湿度は負の相関関係を示すことなどを明らかにした．以上のように，木本類の花粉飛散量に対する気象要素の関係は，全体的には草本類と類似しており，気温は正の効果，相対湿度は負の効果，降水量は負の効果がある．しかし樹種によっては，相対湿度や降水量の効果が不明瞭なもの，風速については負の効果と不明瞭な場合があるのが特徴である．

　本節で述べてきたように，気象条件が花粉飛散量にどのような影響を及ぼすかを明らかにするために，多くの研究が行われている．ほとんどの研究において，相関解析や回帰分析手法を用いて，花粉飛散量と様々な気象要素との関係を日別で解析している．気象要素と空中花粉量の間に定量的な関係が得られれば，比較的容易に得られる気象データから，測定に費用や手間のかかる花粉飛散量を推定することが可能になると考えられる．

8.4　拡散過程に着目した研究

　大気中での花粉の拡散過程に着目した研究がいくつか行われている．空中花粉の飛散経路を調べるために，イギリス（ウスター）でイネ科花粉が大量に記録された日について，流跡線解析を用いた研究（Smith et al., 2005）が行われた．流跡線解析とは，大気中を輸送される物質の移動経路を風向と風速のデータから推定する手法であり，後方流跡線解析の場合は時間をさかのぼって流跡を辿りながら放出源の場所を捜していく手法である．その結果，気団が西方向から移動してきた時に，高い花粉濃度が観測されたことを明らかにした．ブタクサ花粉の長距離輸送を調査するために，流跡線解析ツールであるHYSPLITモデル（HYbrid Single Particle Lagrangian Integrated Trajectory model）を使用した分析（Cecchi et al., 2007）がイタリアで行われ，ブタクサ花粉がバルカン諸国や中央ヨーロッパ，東ヨーロッパから気団によって運ばれ，イタリア半島に到達するという仮説を検証した．同様に，カバノキ花粉の長距離輸送と高濃度エピソードとの関係を調べるため，デンマークの2都市（コペンハーゲン，ビボル）を対象に，HYSPLITモデルを用いた解析が行われた（Mahura et al., 2007）．その結果，カバノキの花粉量が高濃度を示す事例のうち，約

40%は東部（バルト海沿岸諸国，ウクライナ，ベラルーシ，ロシア）から，約30%は北部（スカンジナビア半島諸国）から飛来していることが推定された．イギリス由来の花粉も，わずかながらではあるが西部からの輸送として存在する可能性が示された．また，大気輸送に関して，東部からの輸送は速く，北部からの輸送は遅いという特徴がみられた．

　カバノキ属花粉の長距離輸送を検証するために，モスクワとフィンランドの空中花粉データと，SILAM（System for Integrated modeLling of Atomospheric coMposition）という花粉拡散予測システムによってシミュレーションが行われた（Siljamo et al., 2008）．その結果，ロシア，フィンランド間のカバノキ花粉長距離輸送は一般的な事象であることがわかった．同様に，リトアニアにおけるカバノキ属花粉の放出源を調査するために，SILAMとHYSPLITの2つのモデルを用いた研究が行われた（Veriankaite et al., 2010）．その結果，リトアニアのカバノキが花粉飛散を開始する前に，リトアニアで観測された花粉の大部分はリトアニア国外から飛来していることがわかった．放出源として，ラトビア，南スウェーデン，デンマーク，ベラルーシ，ウクライナ，モルドバ，ドイツ，ポーランドの沿岸部が推定された．より多様な大気生物の拡散を扱った例として，地中海を越えて輸送される空中花粉，胞子，ダストを調べるための研究（Waisel et al., 2008）が行われた．イスラエル（テルアビブ）からトルコ（イスタンブール）へ向かう地中海航路の船にサンプラーを設置して実測すると同時に，HYSPLITモデルを用いて後方流跡線解析を行った．その結果，ギリシャとトルコに由来する花粉と胞子のうち，少量の花粉と多量の胞子が地中海を渡ってイスラエルに到達することが検証された．

　以上のように，花粉の拡散過程に関する研究では，東欧と北欧を中心に，カバノキ花粉を対象とする研究が多い．また，解析手法として，花粉の移動経路を流跡線解析で調べているものがほとんどであった．花粉の長距離輸送の問題は，越境大気汚染問題として国境が接している国々にとって深刻な国際問題であり，原因の解明，被害の軽減と解決に向けた研究が重要となる．

8.5 花粉の沈着過程に関する研究

インドにおいて紡績工場内の花粉と浮遊胞子の調査が行われた（Nayar et al., 2007）．その結果，花粉粒の濃度は真菌胞子の濃度より著しく低く，1：28の割合であること，工場内で優位な花粉は，ココヤシ，イネ科，バンノキ属，ユーカリ属であること等を明らかにした．また，花粉の濃度は，屋外の方が屋内よりも高く，バンノキ属を除いた優位な花粉はアレルゲン性のものだった．フィンランドで，カバノキ属，ヨーロッパアカマツを対象とし，ドアや窓を通しての屋内への花粉侵入に関する研究が行われた（Jantunen and Saarinen, 2009）．その結果，屋外の花粉濃度が高い場合，多量の花粉が窓やドアを通って家の中に侵入できること，ドアからの距離の増加に伴い，屋内の空中花粉粒数は急激に減少することなどがわかった．また，窓やドアを通る風速が強いほど，より多くの花粉粒が部屋の奥深くまで侵入した．人体がどのくらいバイオエアロゾルに触れているかを調べるために，屋内外における花粉，真菌胞子，ベータグルカンの空間的，時間的変化が調査された（Crawford et al., 2009）．屋内の場所による濃度変化は，総菌類とベータグルカンで大きく，花粉で小さかった．また，バイオエアロゾルの存在量は，1つの家の場所による変化よりも，異なる家の間の違いが大きいことがわかった．このことから，バイオエアロゾルに関する長期サンプリングを行う場合，少数の家で繰り返しサンプリングを行うより，多くの家で少数のサンプリングを行う方がより有益なデータが得られると考察した．

　花粉の沈着過程に関する研究では，大気中を飛散してきた花粉が屋内へ侵入する過程について調べているものが多い．また，これらの研究では，胞子なども花粉と同時に調べられる傾向がみられた．

8.6　測定法の研究および応用的研究

8.6.1　モニタリング手法に関する研究

　モニタリング手法に関しては，新たな花粉捕集器の開発や，捕集した花粉の識別手法の研究など，自動化や省力化に基づく迅速な花粉情報提供に向けた

研究が行われている．各種花粉捕集器の捕集能力比較実験として，Rotorod, Burkard, Air-O-Cell, 37-mm open-faced filter cassette の 4 種の捕集器で得られたブタクサ花粉濃度の比較検討が行われた（Heffer et al., 2005）．その結果，Rotorod, Air-O-Cell, 37-mm open-faced filter cassette の 3 種については統計的に大きな差違はみられなかったが，Burkard は他の捕集器と比較して最大約 2 倍の花粉捕集量を記録した．コリオリデルタエアサンプラーと Hirst 型捕集器を 2 m 離れた場所に置き，その花粉捕集能力を比較した研究（Gomez-Domenech et al., 2010）では，両者の捕集量に正の相関関係が認められたものの，捕集花粉量および捕集花粉種数は，ともに Hirst 型捕集器の方が多い結果となったことが示されている．花粉の自己蛍光を利用し，即座に花粉種の分類と計数を行う，リアルタイム花粉分類カウンターの製作が試みられた（Mitsumoto et al., 2010）．この捕集器による測定値は，ダーラム型捕集器（重力法）と高い相関があり，ダーラム型捕集器より高い捕集効率を示した．しかし，イネ花粉とカモガヤ花粉の識別が難しいこと，ヒノキ花粉がスギ花粉と誤認識されるなど，改良の余地があることがわかった．モニタリング手法に関して，花粉識別作業の自動化を目指して，花粉の画像処理を利用した花粉自動分類装置の検討が行われた（Chen et al., 2006）．カモガヤ，カバノキ属，オウシュウヨモギの花粉を対象として，コンピュータを使用して画像前処理，自動花粉分割，特徴抽出，分類，検証の 5 手順により花粉を識別させた．3 種類の花粉が混ざった 254 粒の花粉のサンプルを使ったところ，97.2％の花粉を正しく識別できた．

　モニタリング手法に関する研究では，捕集器に関する研究が多く行われている．さらにその中では，捕集器の捕集能力に関する研究や，新しい捕集器の開発に関する研究が行われていた．また，捕集器に関する研究以外でも，花粉識別作業の自動化を目指した研究が行われている．

8.6.2　疫学的研究

　空中花粉量とアレルギー症状の関係に着目した研究が行われている．アレルゲン性の高い花粉（イネ科，オリーブ属，プラタナス，ヒノキ科）の量と，呼吸器や循環器が原因の緊急入院数との関係を調べた研究が，スペイン（マドリード）において行われた（Diaz et al., 2007）．緊急入院数（外傷性と出産を除外）を 3 種類（呼吸及び循環器，呼吸器系，循環器系）に分類し，さらに年齢層で

分けた．また，気温，大気汚染度，騒音，インフルエンザ流行期間を考慮に入れて，花粉量と入院数の関係を調べた．その結果，分析されたすべての花粉種で花粉量は入院数に有意に関係し，特にイネ科とプラタナス花粉の花粉量が入院数に対して高い相関関係をもっていた．年齢層別の分析では，花粉量の影響は年齢が上がるにつれて減少し，10歳未満への影響が最も大きかった．

一方，空中花粉量と体内の抗体量の関係も調べられている．空中イネ科花粉濃度と免疫グロブリン量を調査する研究がポルトガル（ポルト）で行われた（Abreu et al., 2008）．その結果，高い IgE 値（>80 kU/l）を示す，異なった感作特性をもつ25人の患者の血清の中から，トウモロコシを除くすべての花粉エキスで，12から13 kDa の IgE 結合タンパク質が検出された．このタンパク質がアレルギー性呼吸器疾患の潜在的病因と考えられた．また，ブタクサ花粉飛散期間の空中花粉量と，2歳から16歳の子供の体内 IgE 量の比較を行った研究（Spehar et al., 2010）では，季節による IgE 濃度の変化はみられず，空中ブタクサ花粉量の違う2都市を比較しても，ブタクサの総花粉量と IgE 濃度の間に統計的に有意な関係は見いだせなかった．このように，空中花粉量と体内抗体量の関係は不明瞭との結果もあり，両者の関係は単純ではないと推察される．

大気中に存在する抗原量を直接測定する手法の研究も行われている．Takahashi ら（2008）は，電子スピン共鳴を利用した花粉抗原の測定方法を開発した．この手法により，少量のカモガヤ花粉抗原が3月下旬に検出された．その後濃度は増加し，5月中旬には 10 units/m^3 の抗原が検出された．

以上のように，空中花粉学と疫学の学際領域的な研究として，空中花粉量とアレルギー症状の関係や抗原抗体反応を利用した高感度アレルゲン検出手法の開発などが行われている．

8.6.3 花粉飛散と気候変動に関する研究

気候変動が花粉飛散に与える影響を明らかにするための研究が行われている．気温上昇が花粉飛散にもたらす影響を調査するため，2003年におけるスイス国内14カ所の花粉データと気温変動が分析された（Gehrig, 2006）．2003年のスイスの気候は特に暑く，6月から8月の平均気温は，1961-1990年の同期間の平均気温より約5℃高かった．イネ科花粉は例年より約10日早く飛散

開始し，5月と6月の飛散量が特に多かった．また，イネ科花粉の飛散終了日は，平年よりも7日から33日も早くなった．植物種別では，アカザ属とオオバコ属の花粉飛散量が，非常に多かった．2003年夏期の熱波が，花粉生産と空中花粉量に大きく影響したことは間違いないとしている．このような研究は，地球温暖化が花粉飛散に及ぼす影響の予測につながると考察した．地球規模の気候変動の指標となるテレコネクションと花粉飛散との関係を調べた例として，北大西洋振動（NAO）がヨーロッパにおける草本花粉の飛散期，ピーク飛散量に及ぼす影響を検討した報告がある（Smith et al., 2009）．ヨーロッパ各地の13地点の空中花粉量データを分析した結果，花粉飛散の開始時期に影響を与える主な要因は緯度で表せることが示された．また，大西洋岸からの距離が増加するに従って，NAOの植物への影響が減少すること，草本花粉の最大飛散量がNAO指数の冬期平均に関連していることが明らかになった．

以上のような研究は，地球温暖化やNAOのように，時間的および空間的スケールの大きな気候変動も，空中花粉研究において重要であることを示している．

8.7 今後の検討課題

本章では大気生物学における花粉関係の研究を総括した．全体としてわかることは，花粉の飛散実態の解明に多くの研究が位置づけられることである．もちろん，実態を把握することは科学の基本であり，軽んじてはいけないことである．しかしながら，現代の科学研究の流れは，実態の把握をもとにして動態メカニズムの解明を行うとともに，モデル化などの手法を用いて，対象となる現象を数理的に表現できる形に持ち込み，問題とする事象の評価や予測を行うことが求められる．空中花粉の研究でも，花粉アレルギー問題に対応するため，広域的な花粉飛散量分布の評価や予報の情報が求められている．そこで，以下に述べるような研究方向と，それらに対応した研究課題が考えられる．

花粉の放出過程に関しては，気象要素と空中花粉量の解析とも関係するが，気象データをもとにして，植物群落や森林からの花粉放出量フラックス，すなわち単位時間に単位面積の領域から大気中に放出される花粉の粒数を記述できるようなモデルの開発が望まれると考える．気象要素と花粉飛散量の関係を解

析するような課題では，これからは，モデル化という意識が必要になると考える．本章での総括からわかるように，空中花粉量と気象要素の関係について多くの研究が行われているが，これは花粉飛散が気象の影響を大きく受けることを反映している．しかしながら，ほとんどの研究は統計的な解析に終始しており，メカニズムを考慮した解析や，モデル化につながるような研究は少ないのが現状である．今後は，大気拡散モデルなどへの知見の活用が求められるため，半経験的な式であっても，できるだけ合理的で汎用性のある結果の導出が求められる．その際には，モデル化という意識のもとに研究課題を考えていくことが重要である．また，今回本章で引用した論文のほとんどが，日別でデータを解析していることも問題であり，今後は時別の解析も積極的に行っていく必要がある．

　花粉輸送の研究についても，単なる流跡線の追跡や解析ではなく，3次元的に拡散していく物質の動態という形で，花粉の輸送と拡散を見ていかなければならない．鉛直方向の濃度分布などの基本的情報がほとんど観測されていないのは大きな問題である．また，解析手法として，より高度な気象シミュレーションモデルの活用が望まれる．大気環境の分野ですでに開発され，気象予報などの研究に利用されているモデル（例えば，WRFモデル：Weather Research and Forecasting Model）を適切に花粉拡散の研究に導入するような研究課題が求められる．

　また，花粉捕集手法においては，既往の手法では，多くの労力と費用がかかるとともに花粉の識別には熟練を要するという問題があった．現代では，花粉アレルギー情報へ対応するために，リアルタイムの空中花粉データが求められている．そこで，レーザー工学や高速な画像処理手法など，現在の先端技術を活用して，新しい空中花粉の計測方法を開発していかなければならない．

　以上のように，花粉拡散の問題は，気象学や大気拡散としての課題，生物学としての課題，疫学的な面からの課題，生態学としての問題など，様々な学問分野が協力して解決していかなければならない極めて学際的な研究課題を生み出している．そのような研究課題の成果が，花粉アレルギー症の軽減や解決に，少しでも貢献できることを目指して，新たな課題と研究に挑戦していかなければならないと考える．

引用文献

Abreu, I., N. Ribeiro, H. Ribeiro, et al., 2008：Airborne Poaceae pollen in Porto (Portugal) and allergenic profiles of several grass pollen types, *Aerobiologia*, **24**, 133-140.

Aguilera, F. and L.R. Valenzuela, 2009：Study of the floral phenology of *Olea europaea* L. in Jaen province (SE Spain) and its relation with pollen emission, *Aerobiologia*, **25**, 217-225.

Alba, F., D. Nieto-Lugilde, P. Comtois, et al., 2006：Airborne-pollen map for *Olea europaea* L. in eastern Andalusia (Spain) using GIS: Estimation models, *Aerobiologia*, **22**, 109-118.

Bianchi, M.M. and S.E. Olabuenaga, 2006：A 3-year airborne pollen and fungal spores record in San Carlos de Bariloche, Patagonia, Argentina, *Aerobiologia*, **22**, 247-257.

Bonofiglio, T., F. Orlandi, C. Sgromo, et al., 2009：Evidences of olive pollination date variations in relation to spring temperature trends, *Aerobiologia*, **25**, 227-237.

Cecchi, L., T.T. Malaspina, R. Albertini, et al., 2007：The contribution of long-distance transport to the presence of Ambrosia pollen in central northern Italy, *Aerobiologia*, **23**, 145-151 (2007).

Chen, C., E.A. Hendriks, R.P.W. Duin, et al., 2006：Feasibility study on automated recognition of allergenic pollen: grass, birch and mugwort, *Aerobiologia*, **22**, 275-284.

Crawford, C., T. Reponen, T. Lee, et al., 2009：Temporal and spatial variation of indoor and outdoor airborne fungal spores, pollen, and (1->3)- beta -D-glucan, *Aerobiologia*, **25**, 147-158.

Cristofori, A., F. Cristofolini, and E. Gottardini, 2010：Twenty years of aerobiological monitoring in Trentino (Italy): assessment and evaluation of airborne pollen variability, *Aerobiologia*, **26**, 253-261.

Diaz, J., C. Linares, and A. Tobias, 2007：Short-term effects of pollen species on hospital admissions in the city of Madrid in terms of specific causes and age, *Aerobiologia*, **23**, 231-238.

Garcia-Mozo, H., C. Galan, P. Alcazar, et al., 2010：Trends in grass pollen season in southern Spain, *Aerobiologia*, **26**, 157-169.

Garcia-Mozo, H., R. Perez-Badia, F. Fernandez-Gonzalez, et al., 2006：Airborne pollen sampling in Toledo, central Spain, *Aerobiologia*, **22**, 55-66.

Gehrig, R., 2006：The influence of the hot and dry summer 2003 on the pollen season in Switzerland, *Aerobiologia*, **22**, 27-34.

Gomez-Domenech, M., H. Garcia-Mozo, P. Alcazar, et al., 2010：Evaluation of the efficiency of the Coriolis air sampler for pollen detection in South Europe, *Aerobiologia*, **26**, 149-155.

Heffer, M.J., J.D. Ratz, J.D. Miller, et al., 2005：Comparison of the Rotorod to other air samplers for the determination of Ambrosia artemisiifolia pollen concentrations conducted in the Environmental Exposure Unit, *Aerobiologia*, **21**, 233-239.

Jantunen, J. and K. Saarinen, 2009：Intrusion of airborne pollen through open windows and doors, *Aerobiologia*, **25**, 193-201.

Karlsen, S.R., H. Ramfjord, K.A. Hogda, et al., 2009：A satellite-based map of onset of birch (Betula) flowering in Norway, *Aerobiologia*, **25**, 15-25.

Mahura, A., A. Baklanov, and U. Korsholm, 2009：Parameterization of the birch pollen diurnal cycle, *Aerobiologia*, **25**, 203-208.

Mahura, A.G., U.S. Korsholm, A.A. Baklanov, et al., 2007：Elevated birch pollen episodes in Denmark: contributions from remote sources, *Aerobiologia*, **23**, 171-179.

Mendez, J., P. Comtois, and I. Iglesias, 2005：Betula pollen: One of the most important aeroallergens in Ourense, Spain. Aerobiological studies from 1993 to 2000, *Aerobiologia*, **21**, 115-123.

Mitsumoto, K., K. Yabusaki, K. Kobayashi, et al., 2010：Development of a novel real-time pollen-sorting counter using species-specific pollen autofluorescence, *Aerobiologia*, **26**, 99-111.

Murray, M.G., C. Galan, and C.B. Villamil, 2010：Airborne pollen in Bahia Blanca, Argentina: seasonal distribution of pollen types, *Aerobiologia*, **26**, 195-207.

Nayar, T.S., T.K. Mohan, and P.S. Jothish, 2007：Status of airborne spores and pollen in a coir factory in Kerala, India, *Aerobiologia*, **23**, 131-143.

Nitiu, D.S., 2006：Aeropalynologic analysis of La Plata City (Argentina) during a 3-year period, *Aerobiologia*, **22**, 79-87.

Palacios, I.S., R.T. Molina, and A.F.M. Rodriguez, 2007：The importance of interactions between meteorological conditions when interpreting their effect on the dispersal of pollen from homogeneously distributed sources, *Aerobiologia*, **23**, 17-26.

Peternel, R., J. Culig, I. Hrga, et al., 2006：Airborne ragweed (*Ambrosia artemisiifolia* L.) pollen concentrations in Croatia, 2002-2004, *Aerobiologia*, **22**, 161-168.

Piotrowska, K. and E. Weryszko-Chmielewska, 2006：Ambrosia pollen in the air of Lublin, Poland, *Aerobiologia*, **22**, 151-158.

Puc, M., 2006：Ragweed and mugwort pollen in Szczecin, Poland, *Aerobiologia*, **22**, 67-78.

Radisic, P. and B. Sikoparija, 2005：Betula spp. pollen in the atmosphere of Novi Sad (2000-2002), *Aerobiologia*, **21**, 63-67.

Ribeiro, H., M. Oliveira, and I. Abreu, 2008：Intradiurnal variation of allergenic pollen in the city of Porto (Portugal), *Aerobiologia*, **24**, 173-177.

Rizzi-Longo, L., M. Pizzulin-Sauli, and P. Ganis, 2005：Aerobiology of Fagaceae pollen in Trieste (NE Italy), *Aerobiologia*, **21**, 217-231.

Rodriguez-Rajo, F.J., D. Fdez-Sevilla, A. Stach, et al., 2010：Assessment between pollen seasons in areas with different urbanization level related to local vegetation sources and differences in allergen exposure, *Aerobiologia*, **26**, 1-14.

Siljamo, P., M. Sofiev, E. Severova, et al., 2008：Sources, impact and exchange of early-spring birch pollen in the Moscow region and Finland, *Aerobiologia*, **24**, 211-230.

Smith, M., J. Emberlin, and A. Kress, 2005：Examining high magnitude grass pollen episodes at Worcester, United Kingdom, using back-trajectory analysis, *Aerobiologia*, **21**, 85-94.

Smith, M., J. Emberlin, A. Stach, et al., 2009：Influence of the North Atlantic Oscillation on grass pollen counts in Europe, *Aerobiologia*, **25**, 321-332.

Spehar, M., S. Dodig, I. Hrga, et al., 2010：Concentration of IgE in children during ragweed pollination season, *Aerobiologia*, **26**, 29-34.

Staffolani, L. and K. Hruska, 2008：Urban allergophytes of central Italy, *Aerobiologia*, **24**, 77-87.

Takahashi, Y., M. Aoyama, E. Abe, et al., 2008：Development of electron spin resonance radical immunoassay for measurement of airborne orchard grass (*Dactylis glomerata*) pollen antigens, *Aerobiologia*, **24**, 53-59.

Veriankaite, L., P. Siljamo, M. Sofiev, et al., 2010：Modelling analysis of source regions of long-range transported birch pollen that influences allergenic seasons in Lithuania, *Aerobiologia*, **26**, 47-62.

Waisel, Y., E. Ganor, V. Epshtein, et al., 2008：Airborne pollen, spores, and dust across the East Mediterranean Sea, *Aerobiologia*, **24**, 125-131.

Yasaka, M., S. Kobayashi, S. Takeuchi, et al., 2009：Prediction of birch airborne pollen counts by examining male catkin numbers in Hokkaido, northern Japan, *Aerobiologia*, **25**, 111-117.

9. Epilogue

9.1 移流・拡散方程式

　イスプラ研究所の窓から見える緑は初夏の光に輝いていた．その頃の私は，不便極まりないイタリアの中で格闘しながらも，少しずつ生活環境を整えていくことに楽しみを感じていた．日本からみればあまりにも自由すぎる職場では，研究は自分から何か始めなければ，まったく進展がない状況に陥りつつあった．せっかくEUの中核となる研究所に来たのだから，何か収穫がなければ面白くないではないかと考えて，研究所の部長秘書に頼んで，毎日アチコチの研究室に出かけていって，様々な国の出身である多様な分野の研究者に話を聞いて回った．その中で，大気中の汚染物質の拡散を研究しているイタリア人のDr. Grazianiと出会った．

　彼は一枚の紙に，なぐり書きで移流拡散方程式を描いて説明を始めた．左辺の意味は，ある場所の時間的な濃度変化であり，それは，右辺を構成する4つの項で説明できると言った．それらの項とは，以下である．

① 移流項：大気中の浮遊物質が風に乗って水平方向に移動する現象を表し，その量を求める項
② 拡散項：大気中の渦による混合で汚染物質が濃度の高い所から低い所へ広がっていく現象を表し，その量を求める項
③ 湧出項：生成項とも言い，ある場所に汚染物質が新たに出現する現象を表し，その量を求める項
④ 消失項：湧出項の逆で，ある場所から汚染物質が消失する現象を表し，その量を求める項

　彼は方程式のすべての項の意味を，身振り手振りや手書きの図を交えて，現実的なイメージで説明してくれた．方程式というものをこのような形で明快に

説明されたのは初めてで，まさに目からウロコの落ちる音が聞こえた．最後に彼は，これは普遍的な式で，あらゆる種類の移流拡散現象は，この式だけで表すことができるのだと付け加えた．今までも同じような式について，偏微分方程式としての解き方や数学的な近似法など，いろいろ勉強してきたつもりであったが何一つ身についていなかったことに気が付いた．この時になって，この式の意味を始めて理解した…というか，カラダが受け入れた．

この時から，この式を駆使することができるようになり，今でもこの式で様々な研究をして飯を食っているようなものである．この時の経験は，方程式とは何なのか？　方程式を理解するということは何なのか？　数理的にモデル化するとはどのようなことなのか？……などを後々考えさせられる基になった．さすが，ルネサンスを生み出した国のセンスの素晴らしさを感じた．ルネサンスは，本家イタリアでは Rinascimento（リナシメント）といい，再生という意味である．

9.2　モデルとは

モデルの意味は，具象的で代表的な実体を表す場合と，抽象的な概念やコンセプトを表す場合がある．鉄道モデルは前者に属し，原子モデルは後者に属すと思われる．本書で扱っているような数理モデルは，どのように考えられるのだろうか？

本書の中で，「モデル研究の有効な点」は，「特定の条件に対して合理的な評価や予測が行えるばかりでなく，様々な条件を仮定して具体性に富む説得力のある推定値や予測値を算出できるところにある」ということを述べた．これらはモデルの長所であり売りである．しかし，それがモデルの本質なのだろうか？否！

誤解を恐れず，乱暴な言い方をするならば，モデル化は捨象である．

その意味で，モデルは，抽象である．事物や表象を，ある性質・共通性・「本質」に着目し，それを抽き出して把握する．その際，他の不要な性質を排除する作用（＝捨象）をも伴うので，抽象と捨象，モデルとモデル化は，同一概念の静動二側面といえる．

このような概念に関連して，岡倉天心の書いた『*The Book of Tea*』（Kakuzo

Okakura, 1906：村岡 博訳，茶の本，岩波文庫，1938) の中に，大変興味深い話がある．原文と訳文を以下に記す．

> In the sixteenth century the morning-glory was as yet a rare plant with us. Rikiu had an entire garden planted with it, which he cultivated with assiduous care. The fame of his convolvuli reached the ear of the Taiko, and he expressed a desire to see them, in consequence of which Rikiu invited him to a morning tea at his house.
>
> On the appointed day Taiko walked through the garden, but nowhere could he see any vestige of the convolvulus. The ground had been leveled and strewn with fine pebbles and sand.
>
> With sullen anger the despot entered the tea-room, but a sight waited him there which completely restored his humour. On the tokonoma, in a rare bronze of Sung workmanship, lay a single morning-glory — the queen of the whole garden!

> 16世紀には朝顔はまだわれわれに珍しかった．利休は庭全体にそれを植えさせて，丹精こめて培養した．利休の朝顔の名が太閤のお耳に達すると太閤はそれを見たいと仰せいだされた．そこで利休はわが家の朝の茶の湯へお招きをした．
>
> その日になって太閤は庭じゅうを歩いてごらんになったが，どこを見ても朝顔のあとかたも見えなかった．地面は平らかにして美しい小石や砂がまいてあった．
>
> その暴君はむっとした様子で茶室へはいった．しかしそこにはみごとなものが待っていて彼のきげんは全くなおって来た．床の間には宋細工の珍しい青銅の器に，全庭園の女王である一輪の朝顔があった．

私は，これがモデルの本質ではないかと感じている．

9.3　本書の絵について

本書のテーマである大気生物学を研究する基礎となることを学んだのは，欧州連合 EU の研究所であるが，その研究所があるイスプラ村と周辺の風景を描

いた父の絵を，本書の中に掲載したいと考えた．

　北イタリアのイスプラは，欧州連合 EU の中央研究所といえる Joint Research Centre（JRC）発足の地であり，現在も，環境と持続可能性，市民の安全と保護，健康と消費者保護などに関する先端的な研究機関が置かれている．

　当時私は，つくばの研究所に勤めて数年経った頃であり，在外研究に行ってきた諸先輩の楽しい話を聞いて触発され，日-EU の研究交流事業として始まった在外研究員の募集に応募した．チェルノブイリ原発の事故が起きた直後であり，植物群落上に発生する大気乱流の研究を行っていた時だったので，「農業生態系における放射性物質の大気拡散現象の解明」というような課題を出したような気がする．時宜を得たためか，関門をパスできたのはいいが，すぐにうまくいくとは思っていなかったので，EU の研究所がどんなところにあるのかさえもまったく見当がつかない．東京にある欧州連合駐日代表部を訪ねて，話を聞くことにした．科学技術担当のモリス・ブレンさんと秘書のはちやさんは，不安顔の私を温かく迎えてくれて，イスプラは，ミラノから車で1時間くらいの北イタリアにあり，マジョーレ湖の近くにある，とても美しく素晴らしい所だということを教えてくれた．とても安心したし，期待も膨らんだ．

　長男が生まれたばかりだったので，私は単身渡航し，生活環境を整えてから家族を呼ぶことにした．実際に着いてみると，日本では考えられないような様々な問題が起きた．イタリアでの生活は不便の連続で始まった．ところが，なぜかだんだんイタリアとイタリア人が好きになってきた．滅茶苦茶なことが多く起きたのに，そこが好きになった．イタリアは，大気生物学が最も盛んな国の1つである．この分野の研究に嵌まったのは，この時期の経験や思い入れが関係しているのだと思う．

　イスプラでの楽しい苦労話は別の機会にゆずるとして，私のイタリア生活が2か月ほど経ったころに，妻や生まれて4か月の長男とともに私の両親と妻の母がイスプラに到着した．過ごしやすい季節であり，父母は1か月ほど滞在した．日本画家であった父は，80歳を越えていたが，毎日スケッチブックを持って写生に出かけた．帰国した後，アトリエで仕上げた作品の一部が，本書中に掲載した絵である．これらは，銀座にある松屋で個展を開いた際に展示した作品である．すでに手元にはない絵もあるが，気に入っている赤い家の絵は，京大の研究室の壁にかけている．

9. Epilogue

　イスプラはその後も何度か訪れている．日本から直行便が通っているマルペンサ国際空港が近くにあり，イタリア方面で研究会がある時に，丁度通り道になる．研究者の友人もイスプラにいるので，お互いの研究情報を交換しながら共同研究の相談をしたり，大気環境や地球規模の研究について議論したりする．そのような繋がりが今でも楽しく続いていることが，何よりありがたいと思っている．

索　　　引

欧　文

Burkard　13

Chamaecyparis obtusa　7
Cry j 1　23
Cryptomeria japonica　7

Deposition　3
Diffusion　3
Durham　13

Emission　3

gene flow　7, 47
GIS　105
GMO　3, 62, 72
GPV　41

Hirst　13

IAA　2

JRC　119

Mechanism　4
Modelling　4
Monitoring　3

NAO　112
NDVI　105
Non-GMO　62

Orbicles　23

Transport　3

あ　行

アカザ属　112
アブラナ科　106
アメダス（地域気象観測網）　20, 33
アレルギー学　5
アレルギー症　3
アレルゲン　7, 22

遺伝子組換え体　3, 47, 61
遺伝子フロー　47, 61
遺伝子流動　3, 7, 47
イネ科　3, 103
イムノブロット法　23
イモチ病　8
移流　26
移流・拡散過程　32, 43
移流・拡散方程式　26, 65, 116
移流・拡散モデル　35
移流項　116

エアージャケット方式　83
エアーフロー系　82
エアロゾル　92
衛星画像　96
疫学的研究　110
鉛直方向　33

オウシュウヨモギ　110
オオバコ属　106

岡倉天心　117
オリーブ　102
温暖前線　31

か 行

開花期　102
開花期間　30
開花数　68
開花パターン　30
開花日　17, 29, 37
核　99
学際的　5
拡散　2, 3, 26
拡散過程　12, 26, 29, 107
拡散係数　26
拡散項　116
拡散シミュレーション　96
拡散動態　34
拡散方程式　25
カシ属　106
カバノキ属　103
カビ　99
花粉　1, 2, 6
　──の飛散動態　18
花粉拡散過程　67
花粉拡散交雑予測モデル　62
花粉拡散シミュレーション　21, 37, 41
花粉源　48
花粉源群落　48
花粉症　3, 11
花粉情報　40
花粉情報システム　6
花粉総飛散数　28, 50, 55
花粉総飛散量　14, 18, 103
花粉発生・拡散モデル　35
花粉発生源　27
花粉発生源マップ　42
花粉発生量　32, 35
花粉飛散期　102
花粉飛散期間　14
花粉飛散情報　26
花粉飛散パターン　14

花粉飛散予測　29
花粉飛散量　12, 87, 104
花粉飛散量分布　20, 35
花粉飛散量予測　18, 41
花粉放出過程　66
花粉放出モデル　64
花粉放出量　32
花粉モニター　79
花粉予報　26
花粉予報システム　43
カモガヤ　110
環境物理学　5
環境問題　1
乾性沈着　35
乾燥域　94
寒冷前線　31

気温　17
　──の上昇　31
気温変化　87
気温変化パターン　30
気温変化率　87
気温変動　15, 89
気候変動　111
基準温度　18
気象因子　7
気象学　5
気象条件　31, 35
気象要素　17, 51, 105
気象レーダー　8
キセニア現象　48, 61
北大西洋振動　112
吸引気流　82
強風　31
菌類　1

空間スケール　1
空間的特性　104
空中生物学　1
空中飛散花粉濃度　12
クリーピング　94

光学系 82
黄砂 92
黄砂警報 100
交雑 48, 61
交雑予測シミュレーション 66
交雑率 47, 52, 61
　　――の空間分布 53
　　――の減衰率 56
交雑率変化パターン 56
高山地帯 33
降水過程 99
降水量 17
高度別 34
鉱物 99
鉱物粒子 93
国際大気生物学会 2
ココヤシ 109
昆虫 2, 8

さ　行

細菌 1, 99
再飛散 23, 33
作物害虫 8
サスペンション 94
砂漠 94
サルテーション 94
サンプリング密度 50
散乱光 81, 82
散乱日射 98

時間スケール 1
時間的変化率 87
湿性沈着 35
湿度の低下 31
シミュレーション 25, 36, 42
重力法 13, 78
受光素子 82
受粉側 48
樹齢構成 43
消失 26
消失強度 26
消失項 116

植生図 27, 28
植物育種 7
真菌胞子 109

数値予報値 20
スギ 7
スギ花粉 11
スギ花粉情報 40
スギ・ヒノキ科 3
砂抜き容器 82

正規化植生指数 105
積算温度 18
積算気温 16
千利休 118
前方および側方散乱光量 82

総合気象観測システム 49
総飛散量予測 22
測定法 25

た　行

大気拡散 25
大気環境 1
大気境界層 34
大気の速度 26
大気の透過率 98
体積法 13, 78
ダーラム型捕集器 13
ダーラム法 78

地域気象モデル 39
地球温暖化 41, 112
中長距離 32
直達日射 98
地理情報システム 105
沈着 2, 3, 27
沈着過程 43, 109
沈着速度 32

ディーゼル排気粒子（DEP） 23

動態の解明　2
トウモロコシ花粉　80
ドナー群落　48, 52, 62

な 行

ナンキョクブナ属　106

日平均気温　31
日照　17
日本アレルギー学会　7
日本育種学会　7
日本応用動物昆虫学会　9
日本花粉学会　7

濃度評価法　25

は 行

バーカード型捕集器　13
バーカード法　79
ハースト型捕集器　13
発生　26
発生強度　26
発生源　27, 43
発生（放出）過程　29, 43
発生量　31
半導体レーザー　82
バンノキ属　109

非組換え作物　62
飛散開始の予測　22
飛散開始日　14, 29
飛散数　13
　　——のピーク　16
飛散量　11, 13
　　——の変動　14, 22
飛散量分布の予測　22
ヒノキ　7
ヒノキ科　106
日々の飛散量の変動予測　22
評価予測　2

風向　17

風向偏差量　57
風送ダスト　92
風速　17
風速場　34
風速変化　87
風速変動　15
風媒花　47
風媒性作物　63
ブタクサ　3, 105
ブナ科　106
プラタナス　110
プランクトン　99

平均交雑率　55
偏西風　94
変動値　31

貿易風　94
胞子　2, 7
放出　2, 3, 27
放出過程　43, 66, 95
放出源　94
捕集効率　85
ポプラ属　106

ま 行

メカニズム　4
免疫学　5
免疫グロブリン　111

モデリング　4
モデル　117
モデル化　2, 33, 117
モニタリング　3
モニタリング手法　109
モノクローナル抗体　23

や 行

雄花芽　28, 43
湧出項　116
ユーカリ属　109
輸送過程　3, 26

養分供給源　99
ヨモギ　105

ら　行

ライダー（レーザーレーダー）　95
落下速度　82
乱流効果　6

粒径　81
粒径識別レンジ　81
粒子状物質　2

レーザー光学　88
レシピエント群落　48, 62

老子　24

著者略歴

川島 茂人（かわしま しげと）

東京都に生まれる
1981 年　京都大学大学院農学研究科修士課程修了
同　年　農林水産省農業技術研究所気象科入省
1997 年　農業環境技術研究所大気生態研究室長
2006 年　東京大学大学院農学生命科学研究科教授
2007 年　京都大学大学院農学研究科教授
現　在　京都大学名誉教授
　　　　博士（農学）

大気生物学入門　　　　　　　　　　定価はカバーに表示

2019 年 9 月 1 日　初版第 1 刷

著　者　川　島　茂　人
発行者　朝　倉　誠　造
発行所　株式会社　朝　倉　書　店

東京都新宿区新小川町 6-29
郵便番号　162-8707
電　話　03（3260）0141
FAX　03（3260）0180
http://www.asakura.co.jp

〈検印省略〉

© 2019〈無断複写・転載を禁ず〉　　新日本印刷・渡辺製本

ISBN 978-4-254-17170-9　C 3045　　Printed in Japan

JCOPY ＜出版者著作権管理機構　委託出版物＞

本書の無断複写は著作権法上での例外を除き禁じられています．複写される場合は，そのつど事前に，出版者著作権管理機構（電話 03-5244-5088, FAX 03-5244-5089, e-mail: info@jcopy.or.jp）の許諾を得てください．

龍谷大 大門弘幸編著
見てわかる農学シリーズ3
作物学概論（第2版）
40548-4 C3361　　B5判 208頁 本体3800円

作物学の平易なテキストの改訂版。図や写真を多数カラーで収録し、コラムや用語解説も含め「見やすく」「わかりやすい」構成とした。〔内容〕総論（作物の起源／成長と生理／栽培管理と環境保全），各論（イネ／ムギ／雑穀／マメ／イモ）／他

日本気象学会地球環境問題委員会編
地球温暖化
—そのメカニズムと不確実性—
16126-7 C3044　　B5判 168頁 本体3000円

原理から影響まで体系的に解説。〔内容〕観測事実／温室効果と放射強制力／変動の検出と要因分析／予測とその不確実性／気温，降水，大気大循環の変化／日本周辺の気候の変化／地球表層の変化／海面水位上昇／長い時間スケールの気候変化

前気象研 中澤哲夫編
東海大 中島　孝・前名大 中村健治著
気象学の新潮流3
大気と雨の衛星観測
16773-3 C3344　　A5判 180頁 本体2900円

衛星観測の基本的な原理から目的別の気象観測の仕組みまで，衛星観測の最新知見をわかりやすく解説。〔内容〕大気の衛星観測／降水の衛星観測／衛星軌道／ライダー・レーダー／TRMM／GPM／環境汚染／放射伝達／放射収支／偏光観測

前東北大 浅野正二著
大気放射学の基礎
16122-9 C3044　　A5判 280頁 本体4900円

大気科学，気候変動・地球環境問題，リモートセンシングに関心を持つ読者向けの入門書。〔内容〕放射の基本則と放射伝達方程式／太陽と地球の放射パラメータ／気体吸収帯／赤外放射伝達／大気粒子による散乱／散乱大気中の太陽放射伝達／他

前東大 田付貞洋・元筑波大 生井兵治編
農学とは何か
40024-3 C3061　　B5判 192頁 本体3200円

人の生活の根本にかかわる学問でありながら，具体的な内容はあまり知らない人も多い「農学」。日本の農学をリードしてきた第一線の研究者達が，「農学とは何をする学問か？」「農学と実際の『農』はどう繋がっているのか？」を丁寧に解説する。

前東北大 齋藤忠夫編著
農学・生命科学のための
学術情報リテラシー
40021-2 C3061　　B5判 132頁 本体2800円

情報化社会のなか研究者が身につけるべきリテラシーを，初学者向けに丁寧に解説した手引き書。〔内容〕学術文献とは何か／学術情報の入手利用法（インターネットの利用，学術データベース，図書館の活用，等）／学術情報と研究者の倫理／他

前東大 東　昭著
生物の動きの事典（新装版）
10282-6 C3540　　B5判 280頁 本体7000円

生物を力学的・工学的な「動き」という見地から眺めたユニークな事典。運動の仕方で生物を分類し，それぞれの動き方がどのような力を利用し，どのように環境に適応しているか，を具体的に解説。〔内容〕環境と進化／流体／大気と海水／大地／環境の変化【微生物】飛散／遊泳【無動力飛行】翼／鳥の滑空／自動回転【動力飛行】羽ばたき翼／鳥／蝙蝠と翼竜／昆虫／人力飛行【遊泳】パドリングとジェット推進／蛇行／煽ぎ／櫓漕ぎ／帆走と波乗り【歩行と走行】【採餌・帰巣・渡り】他

日大 山川修治・True Data 常盤勝美・
立正大 渡来　靖編
気候変動の事典
16129-8 C3544　　A5判 472頁 本体8500円

気候変動による自然環境や社会活動への影響やその利用について幅広い話題を読切り形式で解説。〔内容〕気象気候災害／減災のためのリスク管理／地球温暖化／IPCC報告書／生物・植物への影響／農業・水資源への影響／健康・疾病への影響／交通・観光への影響／大気・海洋相互作用からさぐる気候変動／極域・雪氷圏からみた気候変動／太陽活動・宇宙規模の運動からさぐる気候変動／世界の気候区分／気候環境の時代変遷／古気候・古環境変遷／自然エネルギーの利活用／環境教育

上記価格（税別）は 2019 年 7 月現在